蜜蜂常见病敌害诊治原色图谱

主　编　姬聪慧　王瑞生　任　勤

副主编　赵红霞　高丽娇　陈大福

参　编　龙小飞　罗文华　程　尚

荆战星　刘佳霖　杨金龙

曹　兰

机械工业出版社
CHINA MACHINE PRESS

本书按照病毒性疾病、细菌性疾病、真菌病、其他病源物引起的疾病、蜜蜂敌害、遗传和环境因素引起的疾病、蜜蜂中毒进行分类，从病原、流行特点、症状、诊断、防治和诊治注意事项等方面详细地介绍了蜜蜂常见病敌害的预防诊治体系，并附常见病敌害的诊治图片，便于读者自行诊断蜂群症候，及时用药，避免损失。

本书内容丰富，技术实用，适合广大蜂农、蜂产品生产和经销者及从事蜜蜂病敌害防治工作的技术人员阅读，也可供农林院校相关专业的师生学习参考。

图书在版编目（CIP）数据

蜜蜂常见病敌害诊治原色图谱/姬聪慧，王瑞生，任勤主编. —北京：机械工业出版社，2020.6

（疾病诊治原色图谱）

ISBN 978-7-111-64916-8

Ⅰ.①蜜…　Ⅱ.①姬…②王…③任…　Ⅲ.①蜜蜂－病虫害防治－图谱
Ⅳ.①S895-64

中国版本图书馆 CIP 数据核字（2020）第 035503 号

机械工业出版社（北京市百万庄大街 22 号　邮政编码 100037）
策划编辑：周晓伟　高　伟　责任编辑：周晓伟　高　伟
责任校对：常筱筱　　　　　责任印制：孙　炜
保定市中画美凯印刷有限公司印刷
2020 年 5 月第 1 版第 1 次印刷
145mm × 210mm · 3.25 印张 · 89 千字
0001—4000 册
标准书号：ISBN 978-7-111-64916-8
定价：29.80 元

电话服务　　　　　　　　　网络服务
客服电话：010-88361066　　机　工　官　网：www.cmpbook.com
　　　　　010-88379833　　机　工　官　博：weibo.com/cmp1952
　　　　　010-68326294　　金　　书　　网：www.golden-book.com
封底无防伪标均为盗版　　机工教育服务网：www.cmpedu.com

前　言

近年来，受国家扶贫产业发展政策及消费者养生需求的影响，我国蜂产业发展势头迅猛。在国家脱贫攻坚产业发展体系中，养蜂产业因“投资少、效益高、发展快、无污染”的特点，在各省市贫困地区跃然成为扶贫发展特色产业。虽然一线蜂农养蜂积极性较高，但常被蜜蜂病敌害的发生迎头一击，遭受蜂群毁灭等重大损失。

本书编者长期服务于基层一线蜂农，深知蜂农常年深受蜜蜂病敌害的困扰之苦，借着编写此书的机会，在阅览大量文献，总结基层蜂农蜜蜂病敌害防治经验的基础上，对蜜蜂常见病敌害的流行特点、症状、诊断及治疗方案进行总结归纳，形成了系统的蜜蜂病敌害预防治疗体系，为广大蜂农解决后顾之忧。

此书成稿有赖于各位编者对一线服务经验的总结，目的是使读者能根据蜜蜂病敌害的发生发展规律及时准确预防，在病敌害发生时能清晰辨别不同病敌害症状，确诊病敌害，以便对症下药，同时向广大读者提供较为有效的治疗方案及管理措施，便于读者自行诊断蜂群症候，及时用药，避免损失。

需要特别说明的是，本书所用药物及其使用剂量仅供读者参考，不可照搬。在生产实际中，所用药物学名、常用名与实际商品名称有差异，药物浓度也有所不同，建议读者在使用每一种药物之前，参阅厂家提供的产品说明以确认药物用量、用药方法、用药时间及禁忌等。销售兽药时，执业兽医有责任根据经验和对患病动物的了解决定用药量及选择最佳治疗方案。

最后，特别感谢福建农林大学动物科学学院（蜂学学院）陈大福副院长为本书提供大量实验室图片，特别感谢广东省生物资源应用研究所赵红霞副所长为本书撰写敌害防治内容并提供实验图片，同时感谢国家蜂产业技术体系重庆综合试验站各示范县技术骨干为本书编写提供的经验素材。

由于本书成书时间紧促，加上编者水平有限，书中难免存在疏漏之处，恳请读者批评指正。

编　者

目录

第一章

病毒性疾病

一、囊状幼虫病

【病原】

蜜蜂囊状幼虫病是由蜜蜂囊状幼虫病病毒引起的。不同蜂种对该病的抵抗力不同，西方蜜蜂对该病抵抗力较强，较少感染发病；东方蜜蜂对该病抵抗力较弱，容易感染发病，发病严重时可引起整群蜜蜂飞逃或死亡。

【流行特点】

囊状幼虫病的发生具有明显的季节性，春季和秋季容易发病，基本和蜂群的育虫节律一致。春季是该病的发病高峰期，一般发生在多雨潮湿的 3 ~4 月。由于此时蜂群正值春季繁殖季节，群内有大量幼虫存在，且蜂群相对较弱，是该病发生的主要原因。秋季相对于春季发病率较低，但遇到和春季类似的外界环境时，容易引起发病。

【症状】

该病主要在幼虫封盖后 3 ~4 天才表现出症状。发病初期，被病毒感染的小幼虫即被工蜂清理掉，蜂王重新在巢房内产卵，从而导致巢房内虫龄不一，出现卵、幼虫、封盖子排列不规则的情形，形成明显的“花子”现象（图 1-1）。幼虫感染严重时，由于蜂群群势太弱，工蜂无力清除病虫时则会出现典型的“尖头”现象（图 1-2）。后期被感染虫体水分不断蒸发，形成黑褐色的鳞片（图 1-3），贴于巢房一侧，腐烂的虫体没有黏性，无臭味，容易被清除。

成年蜂被病毒感染后，没有明显的症状，但是体内携带有大量的病毒粒子，机体会受到一定危害，寿命会缩短。

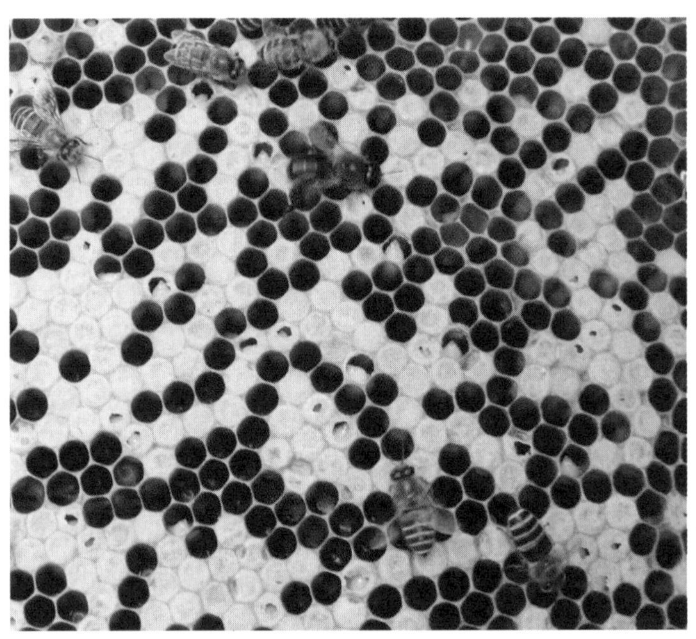

图 1-1　囊状幼虫病造成的“花子”现象

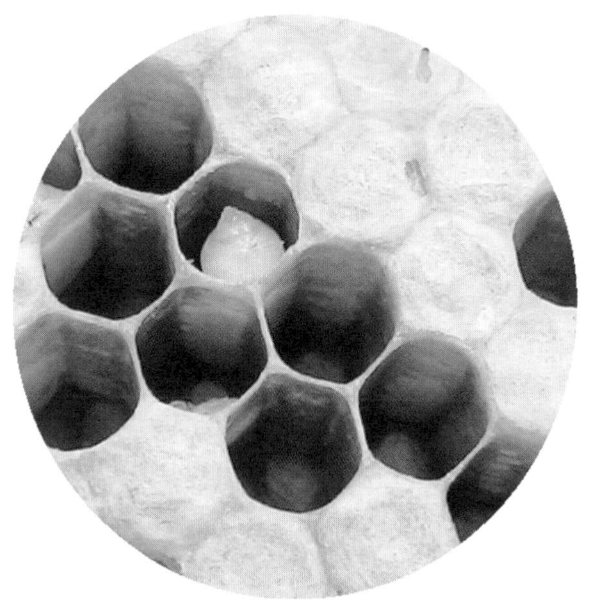

图 1-2　囊状幼虫病造成的“尖头”现象

图 1-3　囊状幼虫病形成的黑褐色鳞片

【诊断】

该病可通过以下两种方法进行诊断。

(1) 根据囊状幼虫病的典型症状　早春蜂群进入繁殖期，在箱外观察，可见到被工蜂清理出的病死幼虫散落在蜂群前（图 1-4）。开箱检查如果发现脾面虫龄不一致，出现明显的“花子”或有穿孔现象，且穿孔的幼虫呈尖状，取出幼虫，末端具有小囊（图 1-5），就可以初步诊断为囊状幼虫病。

(2) 通过实验室检测诊断　取患病幼虫进行分离、提取、纯化，在电子显微镜下观察，若病毒粒子呈球形，则可以确诊。

【预防】

(1) 加强饲养管理　在气温较低的早春和晚秋要注意进行保温，除了箱内进行保温外（图 1-6），箱外也要进行适当的保温（图 1-7）。合并弱群，使群内工蜂密集，做到蜂多于脾。换王或者幽王，让工蜂尽

图 1-4　被工蜂清理出的病死幼虫

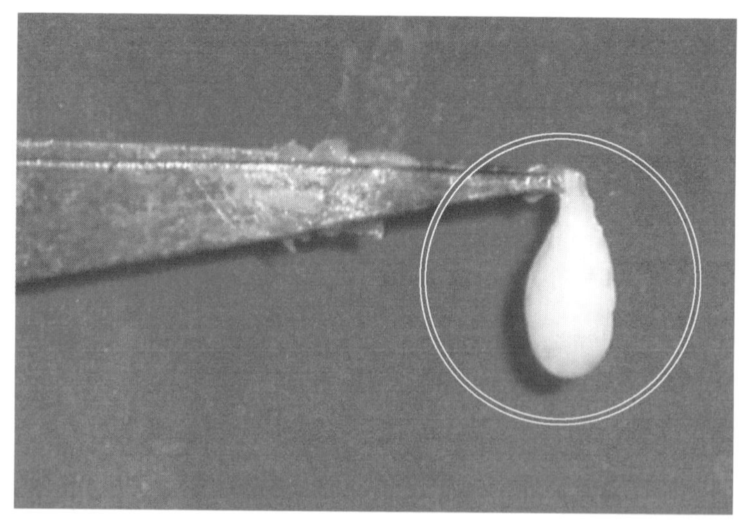

图 1-5　病虫末端的小囊

快将巢内感染病虫清理掉，减少重复感染的机会。结合换王和幽王，对蜂箱及巢框等进行彻底消毒，彻底消灭传染源。

图 1-6　箱内保温

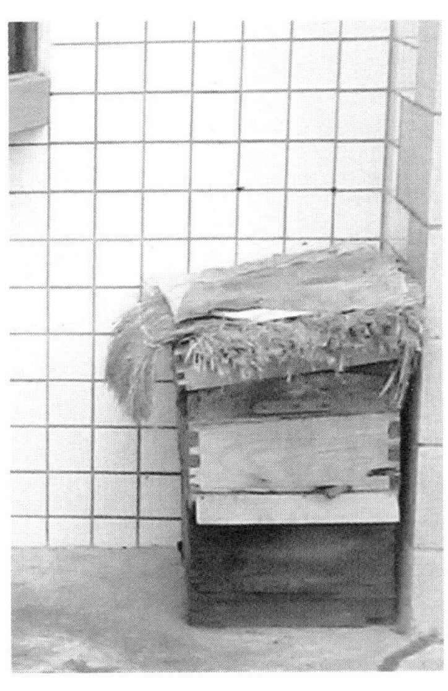

图 1-7　箱外保温

（2）选育抗病蜂种　要从根本上解决囊状幼虫病对蜂群的危害，

选育抗病蜂种是唯一的途径。在平时饲养管理过程中选择抗病能力强的蜂群作为父母群，培育蜂王，通过连续世代的选育，就可以在很大程度上提高蜂群的抗病能力，而在选择的过程中要特别注重父群的选育。

（3）药物预防 在饲养管理过程中用药是必不可少的，由于囊状幼虫病目前没有特效药可以用于治疗，并且很多药物在该病发生时不但基本没有疗效，还造成了产品的污染，因此在囊状幼虫病高发季节主要通过加强饲养管理，同时采取药物预防的措施。在选择药物时主要以中药为主，以下几种中药配方效果良好，可用来预防囊状幼虫病的发生。

方1：半枝莲（又名狭叶韩信草）50克。

方2：五加皮50克，金银花25克，桂枝15克，甘草6克。

方3：贯众50克，金银花50克，甘草10克。

方4：虎杖30克，金银花30克，甘草12克。

方5：穿心莲60克。

方6：花千金滕（又名海南金不换）10克。

方7：七叶一枝花0.3克，五加皮0.5克，甘草0.2克。

上述配方经煎煮、过滤、浓缩，与白糖按1∶1的比例配成糖浆饲喂，每群每次喂500毫升药物糖浆，连续或隔天喂，饲喂量以蜜蜂当天能吃完为宜，4~5次为1个疗程，一般2~3个疗程即可。

【诊治注意事项】

囊状幼虫病的发生与环境因素有很大关系，因此在该病易发季节要加强蜂群的保温及防潮措施。一旦发现蜂群患病，应及时隔离治疗，并将感染的巢脾等销毁，对蜂具进行彻底消毒处理。养强群，常年保持蜂多于脾，提高蜂群抵抗能力。

二、慢性麻痹病

【病原】

蜜蜂慢性麻痹病是由慢性麻痹病病毒引起的。该病主要感染成年蜂，在我国主要发生于潮湿高温的南方地区，北方地区很少发生。

【流行特点】

慢性麻痹病的发生也具有明显的季节性，多发生于初夏和晚秋。此时外界气温较高、蜜粉源缺乏、蜂群群势较弱、抵抗力下降，是慢性麻痹病暴发的主要原因。

【症状】

慢性麻痹病表现的症状可分为Ⅰ型和Ⅱ型。Ⅰ型主要表现为蜜蜂不能飞行，躯体颤动，常在蜂场周围地面上爬行，有时会有患病的工蜂结成团挂于蜂箱上，腹部肿胀，翅常伸展开。Ⅱ型主要表现为工蜂体表绒毛脱落，腹部呈黑色且肿胀，刚被病毒感染时，还能飞行，但患病工蜂常受到健康蜂的攻击，几天后体表颤动，不能飞行并很快死亡。

【诊断】

根据不同季节所表现的典型症状做出初步诊断，然后进行电镜观察或者血清学诊断。

【预防】

（1）加强饲养管理　根据病害发生季节和诱因采取适当的管理措施。在早春和晚秋要加强保温，高温季节注意遮阴。在蜜粉源缺乏的季节及时补足饲料，尤其是蛋白质饲料。发现病群要及时隔离，避免传染。对蜂具进行彻底消毒。

（2）选育抗病蜂种　通过对蜂群的考察，选留抗病、耐病的蜂群培育蜂王，提高蜂群自身对病害的抵抗能力。

【药物治疗】

将硫黄粉撒在箱底或者巢框上梁可杀死被病毒感染的病蜂，但要注意用量，一般5框蜂用量为20克，每周1~2次，过量使用会对幼蜂和卵虫造成伤害；用胰核糖核酸酶防治，可以喷成年蜂体，或加入糖浆后饲喂，后者效果较好；中药治疗也有很好的效果，现介绍几种中药配方。

方1：在糖液中加入3%的蒜汁，每晚每群喂300~600克，连续喂7天，停药2天，再喂7天，直至病情得到控制。

方2：贯众9克，山楂20克，大黄15克，花粉9克，茯苓6克，黄芩8克，蒲公英20克，甘草12克，加水4千克，煎至3千克，将药液过滤后，加白糖1千克，可治5个蜂群。傍晚用小壶顺蜂路浇药液，每群喂125克，连续喂4次。

方3：山楂25克，厚朴25克，云林25克，贡术25克，泽泻25克，莱菔子25克，生军25克，丁香25克，丑牛25克，甘草5克，加水3千克，煎熬0.5小时滤渣，取药液加入饱和糖浆5千克，可喷喂100脾蜂，每3天喂1次。

【诊治注意事项】

慢性麻痹病一般通过食物在蜂群内进行传播，通过盗蜂及巢脾调换等进行群间传播，因此在蜂群患病后一定要找出传播途径，否则将达不到治疗效果。该病能够传播，所以在蜂群管理时，一定不能将患病群的巢脾调到其他群体，同时也要注意个人卫生。饲喂蜂群时，要选择优质饲料饲喂。发现蜂群患病后要及时隔离并同时采用药物治疗。

三、急性麻痹病

【病原】

蜜蜂急性麻痹病由急性麻痹病病毒引起，该病常伴随慢性麻痹病发生，自然界中还没有发现发病的蜂群或个体。

【流行特点】

急性麻痹病一般始于春季，止于夏季。春季气温回升容易染病，引起蜜蜂死亡，夏季气温继续升高，则该病可以自愈。

【症状】

通过人为的方法，使之感染，可发现接种后5~9天工蜂不能飞行，躯体震颤，然后很快死亡，腹部膨大。

【诊断】

根据不同季节所表现的典型症状做出初步诊断，然后再进行电镜观察或者血清学诊断。

【防治】

可参考慢性麻痹病的防治方法。

【诊治注意事项】

诊治注意事项同慢性麻痹病。

四、黑蜂王台病

【病原】

黑蜂王台病是由黑蜂王台病毒引起的。该病毒主要侵染蜂王幼虫和蛹，对成年蜂也能造成危害，常以无明显症状的隐性感染方式存在于蜂群中，与蜜蜂微孢子虫联合危害，表现出极强的致病性。

【流行特点】

黑蜂王台病一般在多王台存在的蜂群或者人工育王的蜂群中发病率高，在早春及初夏的分蜂季节易发病，可造成王台中幼虫死亡。

【症状】

被感染的蜂王幼虫或蛹短时间内便会死亡（图 1-8），患病后的蜂王躯体先变为白色，然后变为黑色，最后王台也全部变黑（图 1-9）。被感染的蜜蜂普遍症状为尾部变黑、体毛脱落、条纹混乱、吻伸长，严重时无法飞行。

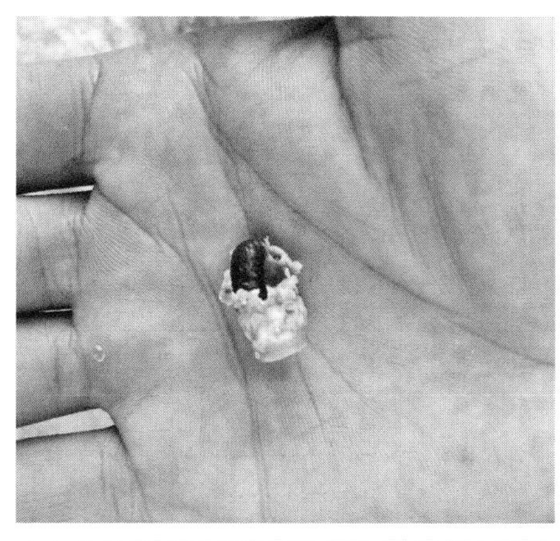

图 1-8 死亡蜂王幼虫

【诊断】

(1)根据发病症状做出初步判断 一般感染黑蜂王台病毒的蜜蜂行为失常，采集能力下降，严重时不能飞行，只能在地上缓慢爬行。感染病毒的蜂王蛹变黑，王台也随之变黑。

图1-9 黑蜂王台

(2)实验室诊断 利用现代科学技术进行病毒粒子检测，即可确诊。

【防治】

一旦发现蜜蜂及蜂王出现明显症状时，已经对蜜蜂个体造成严重损害，一般利用药物防治的效果不明显，应该采取综合防控技术。

(1)加强饲养管理 在出现王台的时候，注意观察王台末端是否变黑，如果有就是已经被感染，需要将感染的王台去除，以免其他王台或者蜜蜂受到感染。在人工育王或者更换蜂王时，不能利用患病的幼虫培育蜂王，也不能利用患病的蜂群哺育蜂王。

(2)进行消毒处理 对患病蜂群的巢脾等进行有效的消毒处理，严重时将巢脾销毁，加入没有患病的巢脾，蜂箱也要及时换掉。

(3)药物治疗 由于该病的发生和蜜蜂微孢子虫病的发生有很大的关联，可采取治疗微孢子虫病的方法进行治疗，详见第四章的相关内容。

【诊治注意事项】

黑蜂王台病能引起蜜蜂大量死亡，因此一旦发现蜂群感染黑蜂王台病后要及时进行治疗，并且该病主要通过微孢子虫感染，故在治疗时要结合治疗微孢子虫病。在饲养管理过程中，要特别注意有王台存在的蜂群，容易受到感染并引起王台中的幼虫或者蛹死亡。

第二章

细菌性疾病

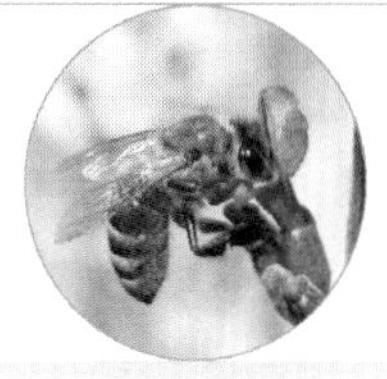

一、美洲幼虫腐臭病

美洲幼虫腐臭病是发生于蜜蜂幼虫和蛹的一种细菌性急性传染病，又名“烂子病”和“臭子病”。该病最早发现于英国，后蔓延至欧美各国。1929—1930年间我国由日本引进西方蜂种时，也将该病带入，目前在全国西方蜜蜂饲养区，该病时有发生。西方蜜蜂比东方蜜蜂易感，中蜂至今尚未发现受该病的危害。

【病原】

美洲幼虫腐臭病的病原为拟幼虫芽孢杆菌，属革兰氏阳性菌。该菌周身具鞭毛，能运动，能形成芽孢。拟幼虫芽孢杆菌对外界不良环境的抵抗力很强，在干枯尸体中能存活数年，在干枯的培养基中，低温下能存活15年。在0.5%过氧乙酸溶液中能存活10分钟，在0.5%优氯净中能存活30分钟，在0.5%次氯酸钾中能存活30~60分钟，在4%甲醛溶液中能存活30分钟。

【流行特点】

美洲幼虫腐臭病没有明显的季节性，只要巢内有幼虫，长年均有发生，夏、秋高温季节呈流行趋势。病原主要通过幼虫的消化道感染，病虫和病死尸体是该病主要的传染源。内勤蜂在清理巢房和清除病虫尸体时，把病菌带进蜜粉房，通过饲喂将病原传给健康幼虫。病害在蜂群间的传播，主要是通过养蜂管理人员将带菌的蜂蜜作为饲料及调换子脾和蜂具时，将病菌传染给健康蜂造成的。另外，盗蜂和迷巢蜂也可以将病菌传给健康蜂群。孵化后24小时的幼虫最容易感染，老熟幼虫、蛹、成蜂都不易患该病。患病轻时会影响蜂群的繁殖和生产，严重时会造成全群甚至全场蜂群覆没。患病的蜂群在大蜜源流蜜期时病情会减轻，甚至“自愈”，主要因为蜜压仔、病原被花蜜稀释，蜂群兴奋、清理能力变强等减少了病原侵染的机会。但是在一个蜂群中，若病虫数量在百只以上，在通常情况下，疾病将迅速传播，并使蜂群灭亡。

【症状】

该病常使2日龄幼虫感染，4～5日龄幼虫发病，但不表现明显症状，往往在预蛹期表现出明显症状，主要是末龄幼虫和蛹死亡，死亡幼虫和蛹的蜡盖湿润、颜色变深、房盖下陷，后期封盖的巢房常被工蜂咬破出现针头大的穿孔（图2-1），子脾上出现空巢房、卵、幼虫、封盖子相间的“插花子脾”，蜂群出现见子不见蜂的现象。死亡幼虫失去正常白色，从正常的珍珠白变为黄褐色、浅褐色，虫体萎缩下沉直至后

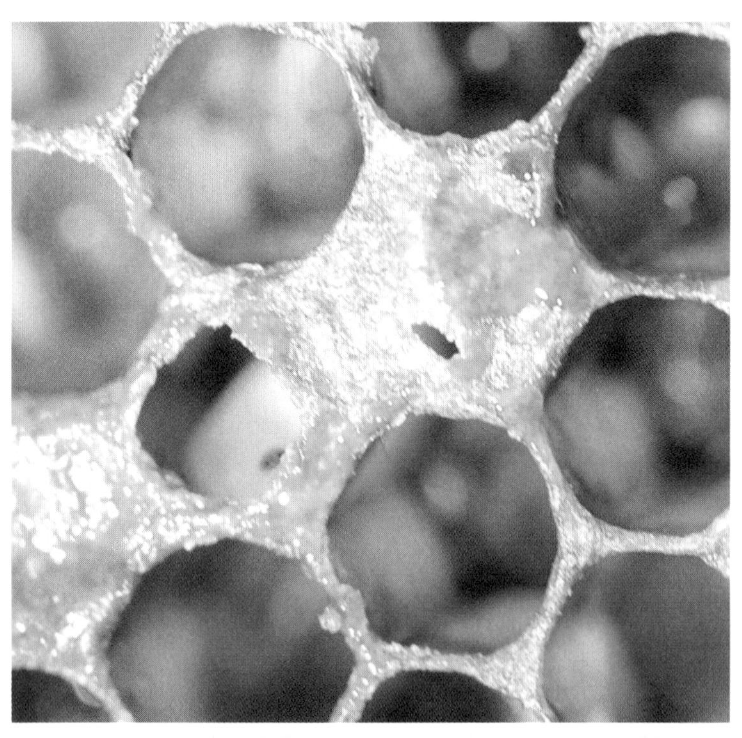

图2-1　巢房穿孔

端，横卧于蜂室时幼虫呈棕色至咖啡色，并有黏性，可拉丝，有特殊的鱼腥臭味（图2-2）。幼虫干瘪后变为黑褐色，呈鳞片状紧贴于巢房下侧房壁上，与巢房颜色相同，难以区分，也很难取出。患病的大幼虫偶尔也会长到蛹期以后才死亡，这时蛹体失去正常白色和光泽，逐渐变成浅褐色，虫体萎缩、中段变粗、体表条纹凸起、体壁腐烂，初期组织疏软，体内充满液体、易破裂，之后逐渐出现上述拉丝、发臭等症状。蛹死亡干瘪后，吻向上方伸出，是该病的重要特征（图2-3）。

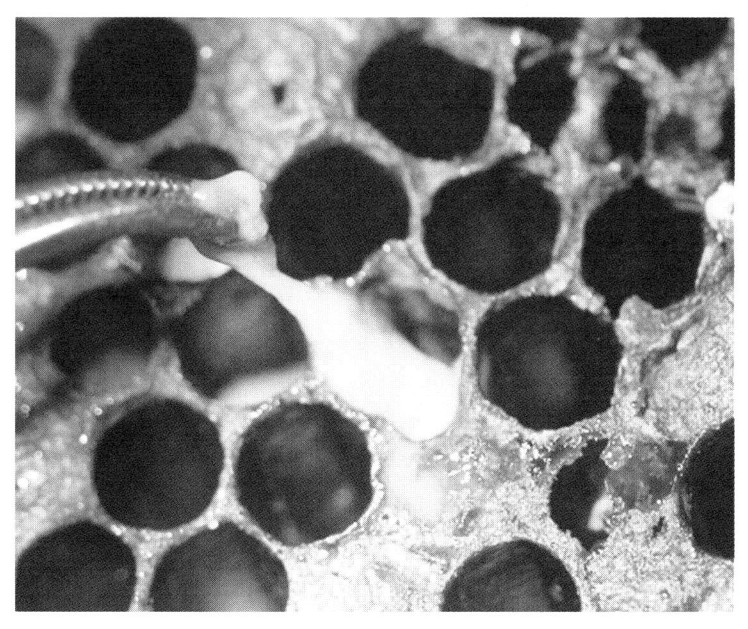

图2-2　巢房底部死亡腐烂的幼虫

【诊断】

（1）典型症状的诊断　从可疑的患病蜂群中，抽出封盖子脾1～2张，若发现该病的典型症状［烂虫能“拉丝”，有腥臭味，有黏性，可拉出长丝；死蛹吻前伸，如舌状；封盖子色暗，房盖下陷或有穿孔（图2-4）］。即可做出初步诊断。

（2）生化反应诊断（牛奶试验）　取新鲜牛奶5滴，置于一块干净

图 2-3　患病死亡干瘪的蛹

图 2-4　巢房房盖下陷、穿孔

的玻璃片上，用牙签挑取可疑的患病死亡虫体置于牛奶中轻轻搅匀，在40秒内即可产生坚固的凝乳块，而健康幼虫需要13分钟以后才产生凝乳块。这个作用是由拟幼虫芽孢杆菌形成芽孢时释放的稳定水解蛋白酶引起的（注意：巢内储存的花粉也会有这种反应，应注意区别花粉与干虫尸）。鉴别诊断应该与蜜蜂幼虫的另一种细菌性传染病——欧洲幼虫腐臭病相区别，对于欧洲幼虫腐臭病，在进行牛奶试验时，牛奶不会在短时间内产生坚固的凝乳块。

（3）荧光检查诊断 将干燥的鳞片状物置于紫外灯下，能产生强烈的荧光。

【预防】

由于美洲幼虫腐臭病的病原拟幼虫芽孢杆菌可以形成芽孢，而芽孢对于外界不良环境具有很强的抵抗力，因此给防治工作带来了一定的难度。对患病蜂群及时隔离，封锁疫区，就地治疗或采用烧毁并深埋的方法以根除病原。采取预防为主、综合防治的措施，新办蜂场要从健康蜂场挑选蜂群。一年四季都要保持蜂群具有充足的饲料，来路不明的蜂蜜、花粉不用作饲料。培育抗病蜂王，养强群，增强蜂群自身的抗病性。

【药物治疗】

1）每10框蜂用磺胺类药物0.5克或红霉素0.125克研粉，加300~500毫升50%的糖浆喂蜂，或250毫升25%的糖浆喷脾，每2天喷1次，5~7次为1个疗程。也可用盐酸土霉素可溶性粉200毫克（按有效成分计），加50%的糖浆250毫升喂蜂，每4~5天喂1次，连喂3次，为了避免抗生素污染蜂产品，采蜜之前6周停止给药。上述药物要随配随用，防止失效。将上述药物研碎后加入花粉中，做成饼喂蜂也有效。用青霉素80万单位防治1群，加入20%的糖浆中喷脾，隔3天喷1次，连喷2次。

2）可以根据经验使用一些具有抗菌效果的中草药，如啤酒花、金银花、黄芩、马齿苋、蒲公英等，也可获得较好的疗效。

【诊治注意事项】

该病主要发生于西方蜜蜂，东方蜜蜂中的印度蜂也有报道，但中蜂至今尚未发现受该病的危害。该病通常感染 2 日龄幼虫，4～5 日龄时发病，明显症状是封盖幼虫期死亡。封盖子脾出现蜡盖油光、湿润并有针头大的穿孔。用镊子从穿孔封盖内抽出幼虫尸体，死亡幼虫呈棕色至咖啡色，幼虫腐烂后，有黏性且有鱼腥臭味，挑出可拉 2～3 厘米长的细丝。幼虫尸体干枯后变为黑褐色，呈鳞片状，紧贴于巢房壁下难以清除。患病的蜂群出现见子不见蜂的现象。

二、欧洲幼虫腐臭病

欧洲幼虫腐臭病是蜜蜂幼虫的一种细菌性传染病。该病于 1885 年首次报道，目前广泛发生于几乎所有的养蜂国家。我国于 20 世纪 50 年代初在广东省首先发现该病，60 年代初南方各省相继出现病害，随后蔓延至全国。该病传播快、危害性大，不仅西方蜜蜂会感染，东方蜜蜂特别是中蜂发病比西方蜜蜂严重得多。

【病原】

欧洲幼虫腐臭病的病原为蜂房球菌等，属革兰氏阳性菌，无芽孢，呈披针形，直径为 0.5～1 微米，菌体常结成链状或成簇排列，另外有多种次生菌。蜂房球菌和蜂房芽孢杆菌能保持数年的侵染性。

【流行特点】

病害的发生有明显的季节性。在我国南方，一年当中有 2 次发病高峰，一次是 3 月初至 4 月中旬，另一次是 8 月下旬至 10 月初。基本上与春繁和秋繁时间相重叠。繁殖期刚开始时，蜂群内幼虫数量少，哺育蜂较多，提供给幼虫的营养丰富、充足，幼虫发育健康，抗病性强，如有少量病虫也很快被清除。随着繁殖高峰期的到来，幼虫数量猛增，提供给幼虫的营养远不如繁殖初期，同时内勤蜂清除不及时，病害就会变得严重。在同样条件下，小蜂群的发病速度比大蜂群快。这与小蜂群幼虫获得营养不足，死虫清除不及时有关。当大流蜜期到来时，由于群内待哺幼虫数量减少，故少量的幼虫可获得充足的营养，健康发育，极少量病虫被及时发现、清除，似乎病害“自愈”了。可往往采蜜期过后，开始繁殖下一次适龄采集蜂时，病害又开始了。子脾上的病虫及幸存的病虫是主要的传染源，细菌主要经消化道进入幼虫体内，在中肠腔内大量繁殖。细菌通过病虫粪便排出体外，污染巢房。内勤蜂在清洁巢房、虫尸，哺育幼虫时，将病原传播给健康幼虫。工作人员调整群势、混用蜂具，以及盗蜂、迷巢蜂活动等造成病害在蜂群间传播。有些患病的幼虫可以存活并化蛹，但由于细菌繁殖消耗大量营养，所以这种蛹难以成活。

【症状】

欧洲幼虫腐臭病一般只感染 1 ~2 日龄的幼虫，经过 2 ~3 天的潜伏期，幼虫多在 4 ~5 日龄死亡。患病后，虫体失去光泽，浮肿发黄，从珍珠般白色变为浅黄色、黄色、浅褐色，直至黑褐色。变为褐色后，幼虫褐色的气管系统清晰可见。随着患病幼虫变色，幼虫塌陷，虫体蜷曲，有的紧缩在巢房底，有的虫体两端向着巢房口（图 2-5）。随后病虫体节逐渐消失，死亡腐烂的尸体有黏性，但不能拉成细丝，有酸臭味。虫尸干燥后变为深褐色，成为无黏性、易清除的鳞片。发病初期，由于少量幼虫死去，随即被工蜂清除，蜂王再次产卵，所以子脾上呈现空房状及不同日龄幼虫错杂在一起的“花子”现象（图 2-6）。严重时，巢内看不到封盖子，幼虫全部腐烂发臭，造成蜜蜂离脾、飞逃。

【诊断】

对疑似患该病的蜂群，可以开箱提出子脾检查，如果发现典型症状，结合流行病学调查便可做出初步诊断。生化反应诊断（牛奶试验）的具体方法参见“美洲幼虫腐臭病”的相关内容。欧洲幼虫腐臭病的牛奶试验为阴性，牛奶不会在短时间内产生坚固的凝乳块。

【预防】

（1）加强饲养管理 由于欧洲幼虫腐臭病的发生与环境及蜂群条件的关系比较密切，蜂巢过于松散、保温不良、饲料不足，都会使蜂群

图 2-5　患病幼虫

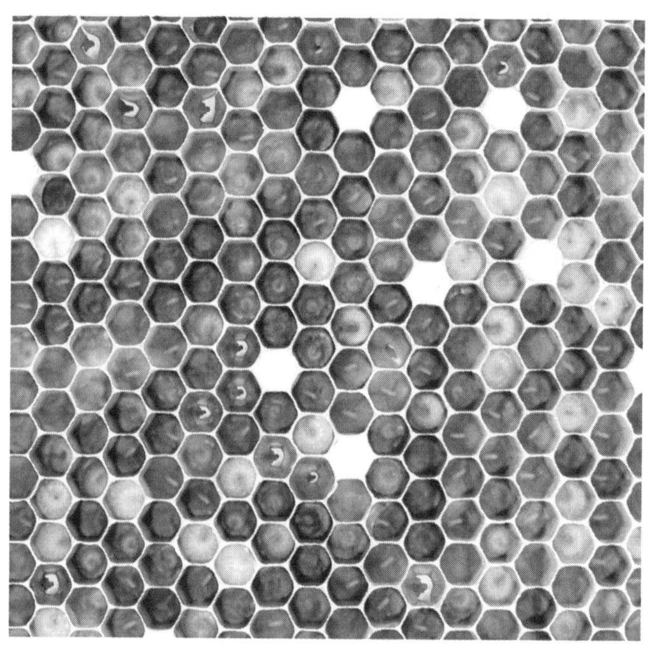

图 2-6　欧洲幼虫腐臭病造成的“花子”现象

的抗病能力明显下降，从而诱发该病。因此，春季要合并弱群，密集群势，加强保温。要保证蜂群有充足的饲料，以提高蜂群的抗病能力，同时，结合奖励饲喂可以进行预防给药。预防给药可以用先锋霉素、红霉素或中草药。

（2）加强预防工作，切断传播途径　平时要注意蜂场和蜂群的卫生，定期消毒。小范围发病时，可将巢脾烧毁深埋，对巢脾和蜂具进行严格消毒。

（3）替换病群蜂王　新的年轻蜂王产卵快，可促使清扫工蜂更快清除病虫，恢复蜂群健康。

【药物治疗】

每 10 框蜂用红霉素 0.125 克，也可用交沙霉素 0.5 克或头孢氨苄 0.125 克，研粉，加 300 ~ 500 毫升 50% 的糖浆喂蜂，或加 250 毫升 25% 的糖浆喷脾，每 2 天治疗 1 次，5 ~ 7 次为 1 个疗程。

【诊治注意事项】

该病害传播快、危害性大，不仅西方蜜蜂感染，东方蜜蜂特别是中蜂发病比西方蜜蜂严重得多。发生该病时，蜜蜂幼虫在封盖前被细菌感染死在巢房中，如果发病蜂群数量多，走近蜂场就会闻到一股怪味，提脾检查，若脾上封盖子稀稀拉拉，幼虫日龄大小不一，用镊子夹出巢房中的幼虫尸体，会闻到刺鼻酸臭味。若蜂群群势下降快，说明发病已久，应及时隔离或销毁病群；若脾上“花子”现象严重但群势没下降，说明刚发病，应及时对病群用药治疗。

三、败血病

蜜蜂败血病是由败血杆菌引起的蜜蜂急性细菌性传染病。这种病害广泛分布于世界各地，在我国北方沼泽地带时有发生。该病多发生于西方蜜蜂。

【病原】

蜜蜂败血病的病原是蜜蜂败血杆菌，为革兰氏阴性菌。该菌对外界

不良环境的抵抗力不强，在蜜蜂尸体中可存活30天，在潮湿的土壤中可以存活8个月以上，在阳光直射和福尔马林蒸气中可存活7小时，在73～74℃的热水中经30分钟或加热至100℃时经3分钟即可被杀死。

【流行特点】

蜜蜂败血杆菌广泛存在于自然界中，特别是污水和土壤中。蜜蜂在采集污水或爬行、飞行时被该菌污染并将细菌带回蜂箱中，通过气门进入体内。败血病多发生于春季及初夏的多雨季节。高温潮湿的气候，蜂箱内外和蜂箱放置地面不卫生，蜂场低洼潮湿，越冬室内湿度过大，饲料含水量过高，饲喂劣质饲料等，均为该病的诱发因素。

【症状】

开始发病时其症状不易被察觉，继而病蜂烦躁不安，不取食，无法飞行，但死蜂不多。病情发展很迅速，只需3～4天就可使全群蜜蜂死亡。死蜂颜色变暗、变软，肌肉迅速腐败，肢体从关节处分离，即死蜂的头、胸、腹、翅、足分离，甚至触角及足的各节也分离。解剖病蜂，其血淋巴变为乳白色，浓稠。

【诊断】

根据蜂群的典型症状、流行病学特点和血淋巴的变化，可基本诊断为该病。

【预防】

加强饲养管理。蜂群应放置在干燥向阳、通风良好的地方，越冬室也要注意通风降湿。蜂场内要设置饮水器或提供洁净的水源，防止蜜蜂外出采集污水。患病严重的蜂群所在的蜂箱要换箱、换脾，消毒灭菌。蜜蜂败血杆菌对漂白粉敏感，可以使用5%漂白粉溶液浸泡蜂具，喷洒蜂场、越冬室等。

【药物治疗】

蜜蜂败血杆菌对土霉素比较敏感，治疗败血病时可在500毫升50%的糖浆中加入土霉素0.25克，喂蜂10框，每天喂1次，连续治疗5～7次；选用诺氟沙星（氟哌酸）0.05克，加入500毫升50%的糖浆，喂

蜂10框，每天1次，连用5～7次；也可选用磺胺噻唑钠0.5克，加入500毫升50%的糖浆，喂蜂10框，每天1次，连喂5～7次即可。也可用一些有抗菌作用的中草药，煎煮后调制成1:1的糖浆饲喂。

【诊治注意事项】

注意采集期前45天停药。在采集期内发病的蜂群，若采用抗生素治疗，应立即退出采集。

四、副伤寒病

蜜蜂副伤寒病是一种成蜂病害，在世界许多养蜂国家都有发生，我国也有发生。该病多发生于西方蜜蜂。

【病原】

蜜蜂副伤寒病的病原为肠杆菌科的蜜蜂副伤寒杆菌，又叫蜂房变株型菌，为革兰氏阴性菌。该菌对外界不良环境的抵抗力很弱，在沸水中可存活1～2分钟，在58～60℃的水中存活30分钟，在40%福尔马林蒸气中6小时即可被杀死。

【流行特点】

蜜蜂副伤寒病是蜂群越冬期的一种常见传染病，常见于冬末及早春，造成成年蜂严重下痢死亡。副伤寒杆菌可在污水坑中营腐生生活，蜜蜂采水时病菌从消化道进入体内，在肠道大量繁殖，并通过粪便排出体外，污染饲料和巢脾等，使其他健康蜂染病。工作人员调换巢脾及迷巢蜂或盗蜂活动，都会造成该病蔓延。冬、春季节阴冷潮湿的越冬室，多雨季节或夏季气温骤降会诱发副伤寒病的发生。副伤寒病的潜伏期为3～14天，死亡率高达50%～60%。

【症状】

蜜蜂副伤寒病没有特殊的外表症状，病蜂腹部膨大，体色发暗，行动迟缓，体质衰弱，有时肢节麻痹、腹泻等，患病严重的蜂群箱底或巢门口死蜂遍地，而这些症状在其他蜂病中也常常遇到。患病蜂群在早春飞行排泄时，排出许多非常黏稠、半液体状的深褐色粪便。检查蜂箱内部，可发现尚有足够的饲料储备，但全部巢脾均被粪便污染。病蜂排泄物大量聚集之处，发出令人难闻的气味。解剖病蜂的消化道，可见肠道呈灰白色，中、后肠肿胀无弹性，后肠积满棕黄色的稀糊状粪便。

【鉴别诊断】

副伤寒病的某些症状如腹部膨大及肢节麻痹，与慢性麻痹病的“大肚型”相似，应注意区分。

1）慢性麻痹病的病原主要侵害蜜蜂的脑和神经节，所以病蜂的症状以神经症状为主（例如，身体和翅颤抖、肢节麻痹等），而消化道症状为辅。副伤寒病的病原主要侵害病蜂的肠道，所以以消化道症状为主，其他症状为辅。

2）由于副伤寒病下痢症状很明显，所以开箱后可见巢脾、饲料被粪便污染的情况。

3）慢性麻痹病多发于春、秋两季温度和相对湿度适宜的气候；而副伤寒病属于越冬期传染病，多发于冬、春季节，特别是阴冷多雨的春季。

【预防】

该病以预防为主，留用优质越冬饲料，蜂群越冬环境应选择背风向阳、干燥的地方，蜂场设置清洁的水源，晴暖天气应促进蜂群飞行排泄。

【药物治疗】

诺氟沙星（氟哌酸）0.05 克或复方新诺明 0.5 克，混入 500 毫升 50% 糖浆中，喂蜂 10 框，每天喂 1 次，连续喂 5 ~7 次。也可根据经验应用有抗菌作用的中草药。

【诊治注意事项】

患病蜜蜂主要症状是腹部膨大，体色变暗，行动迟缓，体质衰弱，下痢。当病情严重时，在巢脾上、巢门口、蜂箱壁上均能看见蜜蜂排出的稀粪便。症状与慢性麻痹病、微孢子虫病等的症状有相似之处，因而在诊断时应注意区别。

五、螺原体病

蜜蜂螺原体病是一种危害成年蜂的疾病。该病于 1976 年在美国马里兰州首次被发现，目前已在北美洲、欧洲、亚洲被发现，1980 年传入我国，很快扩散到全国各地。目前，该病仅发生于西方蜜蜂。

【病原】

该病由蜜蜂螺原体引起，病原菌属柔膜菌纲，是螺旋状的丝状体，在培养液中做螺旋式运动；菌体周围无细胞壁，只有细胞膜包围，菌体直径约 0. 17 微米，长度在不同生长时期有很大变化，一般生长初期较短，呈单条丝状，生长后期螺旋性减弱，出现分支、结团，丝状体上有泡囊产生。

【流行特点】

发病季节明显，主要在早春蜜蜂春繁季节发病。阴雨天和寒流后发病严重，以及使用代用饲料、劣质饲料作为越冬饲料的蜂群发病严重。

【症状】

病蜂腹部膨大，行动迟缓，翅微卷，下垂，不能飞行，只能在蜂箱周围地面爬行。解剖病蜂，发现其中肠变白、肿胀，环纹消失，后肠积满绿色水样粪便。

【鉴别诊断】

该病有以下典型症状时可做初步诊断。

1）蜜蜂在蜂场爬行，失去飞行能力，行动迟缓，往往聚集在草丛和低洼处，三五只蜜蜂聚集在一起，不久死去。发病严重时，不仅青壮年蜂，而且幼蜂在蜂箱外蹦跳爬行死亡，死蜂大多双翅展开。

2）用手拉开病蜂的肠道，会发现其肿胀苍白，后肠积水或积粪便。死去的蜂类似中毒，吻伸出，但病蜂不在地上旋转、翻滚，巢内秩序基本正常。

诊断时该病病情有急性型和慢性型两种。急性型的，蜂箱周围死蜂多，中肠膨大呈灰白色，充满浑浊水状液，群势迅速下降；慢性型的，

蜂腹部膨大，足翅颤抖，不断有蜂爬出箱外，先爬行后死亡，群势上不去，即所谓“见子不见蜂”。

确诊时需在显微镜下做螺原体病原的形态学检测。

【预防】

蜜蜂螺原体病由蜜蜂消化道感染所致，预防方法主要是加强饲养管理，保证蜂群内越冬饲料优、精、足，要科学保温、防湿；做好蜂场、蜂具、蜂箱的消毒工作；换出病群箱脾，用福尔马林加高锰酸钾蒸气密闭消毒。

【药物治疗】

每 10 框蜂用四环素 0.125 克调入适量花粉中饲喂，但注意采集期前 45 天停药。在采集期内发病的蜂群，若采用抗生素治疗，应立即退出采集。

第三章

真菌病

一、白垩病

白垩病又名石灰子病，是蜜蜂幼虫的一种顽固性真菌传染病。该病早期在我国台湾发现，20 世纪 80 年代末期在我国南方部分省份也开始流行。

白垩病对蜂群危害较大，严重时甚至可以造成一个蜂场的全部蜂群灭亡。转地养蜂时，由于蜜蜂过度劳累，其抗逆性下降，蜜蜂患白垩病的概率大幅增加，蜂群极易患病。

【病原】

蜜蜂白垩病是由蜂球囊菌引起的，蜂球囊菌子实体呈球状，内有很多孢囊。在适宜的条件下，孢囊发育出雌、雄菌丝。雌菌丝形成的藏卵器与雄菌丝形成的藏精器结合，形成子囊。子囊有极强的生命力，在自然界保存 15 年仍具有感染能力。

【流行特点】

白垩病的发生与温度和湿度有密切联系，当巢内温度下降到 30℃，相对湿度达到 80% 以上时，适于子囊孢子生长，因此该病在多雨潮湿的春、夏季易流行。白垩病通过子囊孢子传播，被污染的饲料、死亡幼虫尸体或带病巢脾是病害传播的主要来源。当蜜蜂幼虫吞食了混入饲料中的子囊孢子或菌丝后，孢子即在消化道中萌发，长出菌丝，穿透肠壁，破坏消化道，幼虫表现明显症状，通过盗蜂和迷巢蜂将污染的饲料喂给健康幼虫造成蜂群间的传播。此外，养蜂人员不严格遵守卫生操作规程，随意将病群中的巢脾调入健康群继而发生传染。

【症状】

患病的幼虫，前3天无明显症状，少数幼虫体表长出白色菌丝，多数幼虫在第5天死亡，病虫成为无头白色幼虫，体色与健康幼虫相似，体表尚未形成菌丝；中期，患病幼虫柔软膨胀，腹面长满白色菌丝（图3-1）；后期，整个患病幼虫虫体布满白色菌丝，虫体萎缩并逐渐变硬，似粉笔状（图3-2）。死虫尸体有白色、黑色两种。工蜂将病幼虫尸体由巢房内拖出到巢门前的地面上和蜂箱底部（图3-3）。工蜂及雄蜂幼虫均可感病，同一蜂群中，雄蜂的幼虫比工蜂的幼虫更容易感染，雄蜂3~4日龄的幼虫和工蜂4~5日龄的幼虫容易染病。

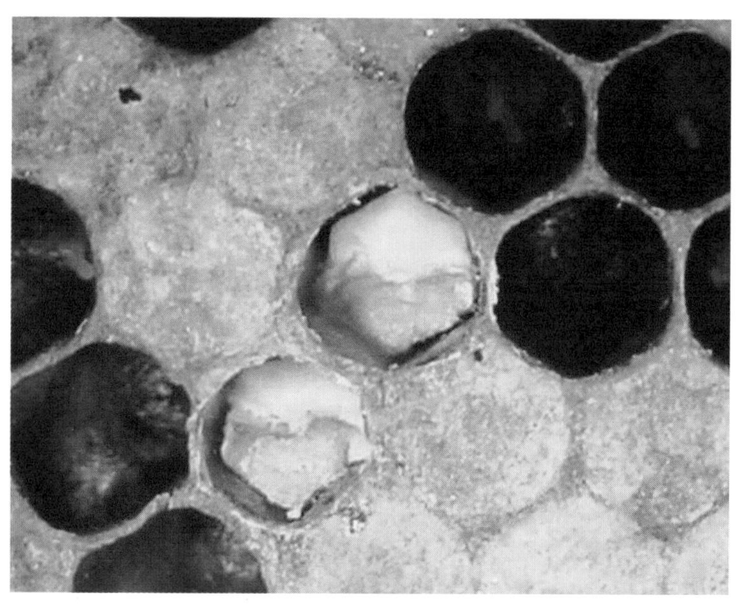

图3-1 患病幼虫

【诊断】

死亡幼虫初期为苍白色且肿胀，后期则失水缩小成质地疏松的白色石灰物质。病情较轻时，蜜蜂可以将虫尸清除出巢门口；当病情严重时，蜜蜂已经无法清除，在巢房中可以看见许多白色的虫尸。

图 3-2 患病幼虫干尸

图 3-3 被工蜂拖出箱外的患病幼虫尸体

怀疑蜂群患白垩病时，提取老熟子脾，观察将要封盖和已封盖幼虫，看是否有幼虫虫体肿胀并充满巢房的情况。挑取幼虫尸体的表层物置于载玻片上，滴1滴蒸馏水，在低倍显微镜下观察，若能清楚地看到棉花状的白色菌丝和含有孢子的孢囊（图3-4、图3-5），则可诊断为白垩病。

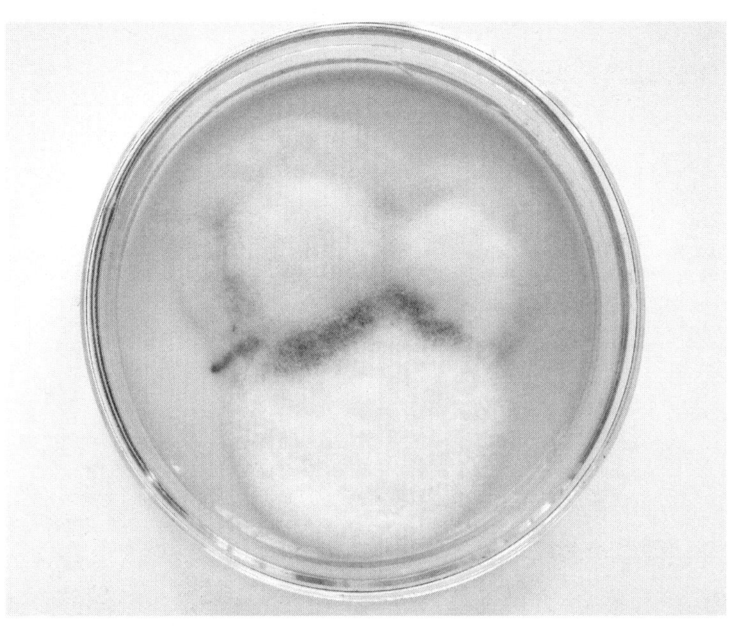

图3-4　实验室培养的蜂球囊菌

【防治】

引起蜜蜂白垩病的因素既有外界因素（温度、湿度、蜜蜂采集的或者人工饲喂的蜜粉水源及使用的工具等），又有蜂群内部因素（蜜蜂免疫力、蜂群群势、蜂群饲料储备、蜂群温湿度及蜂螨等）。蜂群发病时，外因与内因将同时起作用。如果养蜂者能够意识到这些因素的重要性，积极进行人为干预，就可以最大限度地降低白垩病对蜂群的危害。

（1）预防

1）饲养强群。蜜蜂白垩病与其他蜜蜂疾病一样，强群都会较弱

图 3-5　显微镜下的蜂球囊菌孢囊

群少染病或减轻危害。养蜂者要树立终年饲养强群的观念，首先要从培养强群越冬做起，这样第 2 年的蜂群健康繁殖才有保障。早春或初夏，整顿蜂巢，使蜂多于脾，弱群可以采取以强补弱或将两个弱群组织成双王群，保证蜜蜂能够对子脾边缘的幼虫有效保温，增强蜂群抗病能力。

2）规范蜂群管理。放蜂场地要选择干燥、通风、阳光可以照到的地方，蜂箱底撒干石灰，垫高 20 厘米，要保持前低后高，防止雨水倒灌，降低箱内湿度。保持蜂群巢内饲料充足，这样幼虫才能营养充足，发育良好；不饲喂来路不明的饲料，花粉必须消毒，可采用钴 60 照射或者微波炉加热等方法消毒。

3）选择抗病力强的蜂种。蜜蜂的卫生行为是指能够快速识别并清除出染病蜜蜂幼虫的能力，避免这些染病幼虫进一步发展成为新的传染源而引起蜜蜂更严重的感染。具有卫生行为的蜂群可以抵御多种蜜蜂病的危害。蜜蜂的抗病基因可以遗传，选育抗病良种是防治白垩病的有效途径。吉林省养蜂科学研究所选育的喀（阡）黑环系、双喀单交种等种王，都具有较好的抗白垩病的能力。选择抗病种王培育生产王，对抵抗蜜蜂白垩病的危害有很大帮助。

4）防治蜂螨。蜂螨不但吸吮蜂体营养，同时也是蜂球囊菌孢子的传播媒介。与无螨害的蜂群相比，有螨害蜂群的白垩病发病率将增加80%以上，特别是早春繁蜂前、大流蜜结束后及晚秋断子后一定要抓住时机根治蜂螨，避免白垩病通过蜂螨进行传播。

（2）治疗

1）患病蜂群的饲养管理。在蜂群的日常管理中，如果发现有白垩病的症状，应该马上隔离，把患病蜂群搬离蜂场，以免传染给其他蜂群。对于病情较轻的蜂群，可用镊子将病虫挑出并焚烧深埋，巢房用棉签蘸酒精消毒；病情较重的蜂群，要马上更换蜂箱，如果继续使用病群蜂箱，应用酒精喷灯灼烤或者用高锰酸钾消毒处理后方可使用，将带有患病幼虫的巢脾抽出，换入无病的巢脾供蜂王产卵，同时将抽出的巢脾化蜡销毁。对患病蜂群要缩脾紧蜂，清除所有的雄蜂和雄蜂封盖子，以免扩大病群的疾病传播。要将病群周围的蜂尸清扫焚烧并深埋。

2）蜜蜂白垩病的药物治疗。20 世纪 90 年代初，蜜蜂白垩病开始在我国流行，该病具有危害重、传播速度快、持续时间长、难以治愈等特点，引起广大养蜂者和科研人员的高度关注。通过研究试验，陆续发现了各种治疗白垩病的药物，以下为代表性的治疗药物：

① 食用碱 50 克，均匀地撒入蜂路中，两头框槽和蜂箱空间也撒一些，撒 1 次就可以，10 天左右就可治愈。

②“垩立克”或“蜂必康”稀释后拌入蜂蜜或花粉中饲喂，还可以将蜂体、巢脾、箱壁每 1～2 天用稀释液喷雾 1 次，连续用 4～5 天。两种方法同时应用，效果更佳。

③ 大粒盐 2 克，装入小塑料瓶盖内，放到箱底巢脾下方，3～5 天后可治愈，以后每 15 天放 1 次。

④ 在晴天用0.5%的高锰酸钾溶液对带病蜂群进行体表喷雾消毒，喷至成年蜂体表呈雾湿状为好，每天1次，连喷3天。

【诊治注意事项】

1）应在大流蜜期前45～60天停止用药治疗，且采集期禁止用药。在采集期内发病的蜂群，若用药治疗，则应不予采集，避免药物超标对蜂产品造成不良影响。

2）该病主要根据流行情况和在蜂箱前或蜂箱地板查找到典型虫尸来做初步诊断。在有条件的情况下也可通过实验室诊断进一步确诊。

二、黄曲霉病

黄曲霉病又名结石病，无论幼虫、蛹还是成年蜂都可感染。患黄曲霉病的蜂群中，多是幼虫和蛹染病。该病分布较广泛，世界上养蜂国家几乎都有发生，温暖湿润的地区尤易发病。

【病原】

病原主要为黄曲霉菌，其次为烟曲霉菌。这两种真菌生活力都很强，在自然界分布极为广泛，存在于土壤中及腐败的有机物、食品、饲料和谷物上。黄曲霉菌成熟的菌丝呈黄绿色，烟曲霉菌的成熟菌丝呈灰绿色。以孢子传播，分生孢子呈圆形或近似圆形，直径为3～6微米，呈黄绿色。

【流行特点】

黄曲霉病发生的基本条件是高温潮湿，所以该病多发生于夏、秋多雨季节。该病主要通过落入蜂蜜或花粉中的黄曲霉菌孢子和菌丝传播。当蜜蜂吞食被污染的饲料时，分生孢子进入体内，在消化道中萌发，穿透肠壁，破坏组织，引起成年蜜蜂发病。当蜜蜂将带有孢子的饲料饲喂幼虫时，孢子和菌丝进入幼虫消化道萌发，引起幼虫发病。此外，当黄曲霉菌孢子直接落到蜜蜂幼虫虫体上时，如遇适宜条件，即可萌发，长出菌丝，穿透幼虫体壁，致幼虫死亡。

【症状】

幼虫患病初期呈苍白色，之后虫体逐渐变硬，表面长满黄绿色的孢子和白色菌丝，充满一半巢房或整个巢房，轻轻振动，孢子便会四处飞散。大多数受感染的幼虫和蛹死于封盖之后，尸体呈木乃伊状、坚硬。成年蜂患病后，表现不安，身体虚弱无力，行动迟缓，失去飞行能力，常常爬出巢门而死亡。死蜂身体变硬，在潮湿条件下，可长出菌丝。

【诊断】

若发现死亡的蜜蜂幼虫体上长满黄绿色粉状物，则可取表层物少许，涂片，在400～600倍显微镜下检验，当观察到有呈球形的孢子头和圆形或近圆形的孢子及菌丝时，即可确诊为黄曲霉病。

【防治】

蜂场应选择干燥向阳的地方，避免潮湿，应时常加强蜂群通风，扩大巢门，尤其雨后应尽快使蜂箱干燥。对患病蜂群的巢脾和蜂箱消毒，撤出蜂群内所有患病严重的巢脾和发霉的蜜粉脾，淘汰或用二氧化硫（燃烧硫黄）密闭熏蒸。患病蜂群的防治方法与白垩病的防治方法基本相同，其治疗用药量也可参照白垩病。

【诊治注意事项】

1）由于该病不仅伤子、乱子（即成石灰质子），而且成年蜂也可感染发病死亡，对人畜也有伤害，与白垩病相比，更显厉害与顽固。故对该病的防治更应引起注意。

2）其他注意事项同白垩病。

第四章

其他病源物引起的疾病

一、微孢子虫病

【病原】

蜜蜂微孢子虫病是由微孢子虫引起的蜜蜂慢性传染性病害，现在已经遍布全球。其病原有两种，分别是蜜蜂微孢子虫和东方蜜蜂微孢子虫。最早发现并被确认的是寄生于西方蜜蜂的蜜蜂微孢子虫，但近年来东方蜜蜂微孢子虫有逐渐取代蜜蜂微孢子虫并成为感染西方蜜蜂的主要微孢子虫种类的趋势。同时，东方蜜蜂微孢子虫被认为是引起西方国家蜂群崩溃综合征的一个主要原因。

【流行特点】

1909 年，德国科学家 Zander 首次在西方蜜蜂体内发现一种微孢子虫，并命名为蜜蜂微孢子虫。直到 1996 年，瑞典农业大学的 Dr. Ingemar Fries 从北京的东方蜜蜂肠道中发现了一种新的微孢子虫，与西方蜜蜂的蜜蜂微孢子虫孢子在形态大小、极丝圈数及 16S SSUr-RNA 基因序列上存在不同，便将其命名为东方蜜蜂微孢子虫。2006 年和 2007 年，两个研究团队分别报道了在西班牙的西方蜜蜂体上和我国台湾的西方蜜蜂体上均发现东方蜜蜂微孢子虫的研究结果，这才使人们对微孢子虫和蜜蜂的寄生关系有了新的认识，关于蜜蜂微孢子虫病的研究出现了井喷式增长。

两种微孢子虫侵染寄主方式、感染组织及传播方式基本相同。二者都能通过成熟孢子侵染工蜂的中肠、唾液腺、咽下腺、上额腺和毒囊，均可以通过机具、食物、盗蜂、迷巢蜂和蜜蜂交哺行为等途径进行传播。但二者之间又有不同，蜜蜂微孢子虫感染存在明显的季节性，在春季和秋季会出现高峰，而东方蜜蜂微孢子虫感染的季节性不明显，可全年感染，在夏季感染严重。另外，严重感染蜜蜂微孢子虫的蜂群由于患有下痢，因此可以在巢门附近观察到大量排泄物的存在，并伴有爬行甚至死蜂的现象；而感染了东方蜜蜂微孢子虫的蜂群并无显著外部表现症状，但经过一段时间后会造成蜂群群势逐渐下降，最终导致蜂群崩溃（图 4-1）。

图 4-1　受害的蜂群巢脾

蜜蜂微孢子虫的孢子对蜂群感染率很高，不仅使蜜蜂缺失营养、抵抗力下降，还会破坏蜜蜂中肠的肠壁，打开其他微生物入侵的大门，慢性麻痹病、黑蜂王台病、螺原体病、白垩病等蜜蜂病害随之而来，造成蜂群病害混合感染，给养蜂业带来巨大经济损失。

【症状】

感染蜜蜂微孢子虫初期，病蜂无明显症状，随着病情的发展，患病蜜蜂的中肠上皮细胞被孢子感染，致使蜜蜂肠道的完整性被破坏，引起消化机能障碍，导致蜂群哺育力和采集力均下降，群势变小，越冬死亡率提高（图 4-2）。蜜蜂在染病后食欲和饥饿水平提升，会出现不取食糖浆却大量溺死在饲喂器的现象。患病工蜂头尾发黑，大肚爬行（图 4-3），翅膀发抖，严重时完全失去飞行能力，寿命严重缩短；产蜜量和产浆量减少。部分蜂群还同时伴有下痢，排深黄色和褐色带有腥臭味的粪便（图 4-4）。病蜂多集中在巢脾下边缘和蜂箱底部，有的病蜂在蜂箱巢门前和场地上无力爬行。

图 4-2　受害死亡的蜂群

【诊断】

（1）解剖观察　微孢子虫病主要作用在蜜蜂的消化系统，中肠病理变化引起的症状比较明显。当怀疑蜂群患微孢子虫病时，可以取新鲜

图 4-3　受害的大肚工蜂

图 4-4　患病蜂下痢

病蜂数只，剪去头部，用镊子或手夹住蜜蜂尾部末节拖拽取出蜜蜂中肠。健康蜜蜂的中肠呈赤褐色，不膨大，环纹明显，并具有弹性和光泽（图 4-5）。如果中肠膨大，呈灰白色，环纹模糊，失去弹性，即可初步诊断为患微孢子虫病（图 4-6）。

图 4-5　健康蜂中肠

图 4-6　患病蜂中肠

（2）镜检法　在初步诊断的基础上，为了进一步确诊蜜蜂微孢子虫病，可在患病蜂群巢门口抓取 10 只病工蜂，将蜜蜂的消化道从腹部拉出，剪取中肠，加入10毫升超纯水研磨制备悬浮液之后，取1滴悬浮液滴于载玻片上，加盖片，置于40×10倍显微镜下观察，若发现有大量长椭圆形、带有折光性的大米粒状孢子（图4-7），即可确诊为微孢子虫病。可根据特定的计数方式或视野下的孢子数判断蜂群感染程度。

图4-7 电镜下的孢子

【预防】

（1）增强蜜蜂抵抗力 加强饲养管理，在蜂群越冬时补充优质的饲料，提高蜂群抗病能力；蜂场内设置喂水器，以防蜜蜂外飞采食不洁水源而染病；定期翻晒蜂箱内的保温物，降低箱内湿度，使蜂箱内部保持干燥。对于蜂箱周围的病蜂、死蜂要勤处理，最好经过高温高压灭菌后再进行深埋，避免病害往复传染。另外，应定期在蜂场附近撒些生石灰以便消毒灭菌。

（2）防止饲料传染 由患病蜂群生产的蜂产品很有可能受到孢子

污染，会成为新的感染源，因此饲喂蜂群时要对饲料进行消毒，尤其是购进的饲料用花粉，应采用高温蒸汽消毒（不少于 10 分钟）。

（3）防止蜂具传染　对蜂箱、巢脾、蜂具等定期清洗消毒，特别是对有微孢子虫病史的蜂场或与染病蜂群接触的蜂具等要加强消毒，有明显污渍的巢脾要及时淘汰。蜂箱及其附属物和蜂具用 2% 的烧碱水（氢氧化钠）煮洗，再用火焰喷灯消毒；巢脾用醋酸蒸气消毒，即取 80% 的醋酸，注入各蜂箱内的吸收物上，将箱体重叠在一起密封熏蒸 7 天。

（4）杜绝引种带入病原　微孢子虫会感染蜂王，如果种蜂场有蜂群患微孢子虫病，新培育的蜂王很有可能携带病原，引种后会通过垂直传播导致蜂群感染。因此，种蜂场要特别注意防治微孢子虫病。

（5）利用微孢子虫的弱项　东方蜜蜂微孢子虫孢子抗寒能力差，孢子冷冻数天就大量失活，可以利用这一特性，在冬季把用过的蜂箱、巢脾等放在室外存放或夏季放在阳光下暴晒。

（6）饲喂酸饲料　利用蜜蜂微孢子虫在酸性环境下不利于孢子萌发的特点，大量饲喂添加了柠檬酸或米醋的酸饲料，是常用的一种防治方法。酸饲料的配制方法是 1 千克糖浆加柠檬酸 1 克、米醋 50 毫升、山楂水 50 毫升，结合蜂群奖励饲喂。

【药物治疗】

（1）普罗托非　普罗托非是利用乙醇从多种植物中萃取出来的天然产品，可干扰蜜蜂微孢子虫的发育，且蜜蜂不会对添加了普罗托非的饲料产生拒食现象，在蜂产品中也不会出现残留，可用于防治蜜蜂微孢子虫病。使用方法是糖浆 20 毫升/升、糖饼 40 毫升/千克，饲喂 2～4 次。每季每个蜂群 250～500 毫升药剂糖浆或 250～500 克药剂糖饼。春季可饲喂糖饼药剂和糖浆药剂，秋季饲喂糖浆药剂，这两个季节每个蜂群饲喂 50～80 毫升普罗托非，视情况而定。

（2）灭滴灵（甲硝唑）**和病毒灵**（吗啉胍）**搭配治疗**　各取 10 片灭滴灵和病毒灵，研磨粉碎，混于 150 毫升温开水中，再加适量糖浆，充分搅匀后，每天傍晚喷洒于巢脾上，连续喷洒3~4次，一般可痊愈。若没有痊愈，可再行喷洒。

（3）保蜂健粉剂 根据使用说明将1包药粉溶于500毫升糖浆内，傍晚对蜂群喷喂，隔天1次，3次为1个疗程，可防治2~4个蜂群。间隔10~15天可进行第2个疗程的治疗。

【诊治注意事项】

烟曲霉素对防治微孢子虫病有效，是目前北美合法登记的防治蜜蜂微孢子虫病的药剂，但它是由烟曲霉菌产生的抗生素，欧盟法规禁止在防治蜂病上使用抗生素，日本对进口蜂产品中的抗生素残留也有严格限量。

二、爬蜂综合征

【流行特点】

爬蜂综合征一年四季均有发生，一般春季和秋季最为严重。春季常因阴雨天气较多，放蜂场地潮湿，且寒潮频繁，蜜蜂不能及时出巢飞行排泄，更甚者蜂群饲料品质低劣，往往导致发病更为严重。而夏季气候闷热或外界缺乏蜜粉源，蜂群营养失衡，也会导致爬蜂综合征暴发。秋季则因昼夜温差大或蜜粉源不好，易发生甘露蜜中毒，再者晚秋气候反常也易导致爬蜂综合征发生。此外，也有其他一些不明因素影响发病，如痢疾、蜂螨、微孢子虫、蜜蜂中毒等均能诱发爬蜂综合征。

【症状】

患爬蜂综合征的蜜蜂多为中、青年采集蜂。蜂群发病前期表现为烦躁不安，不外出采集，大都集中于纱盖、框梁、箱底；护脾能力差，大量成蜂坠落箱底。病害严重时，大量青、幼年蜂涌出巢外，蠕动爬行，在巢箱周围蹦跳，或起飞后突然坠落，直至死亡，致使蜂箱附近场地上遍地死蜂，2~3天内可以死亡一半以上（图4-8）。该病与慢性麻痹病、微孢子虫病、副伤寒病等的症状有相似之处，因而在诊断时应注意区别。

图 4-8　掉落于巢门口的病蜂

【诊断】

死蜂双翅展开，吻伸出，有的腹部膨大，有的反而缩小（图 4-9）。拉出死蜂肠道观察，膨大的中肠有积水，失去弹性，环纹不明显（图 4-10），后肠有棕色、深褐色或黑色积粪，并有恶臭味，也有部分死蜂的后肠没有积物和粪便。

图 4-9　死亡病蜂

图 4-10　病蜂的中肠

【预防】

目前普遍采取的预防措施是加强饲养管理。早春的放蜂场地要选干燥、背风、向阳的地方，越冬后的蜂群要多喂蛋白质饲料，对弱小蜂群要合并，做到蜂多于脾；轻度下痢的蜂群要抓住时机或创造条件及时促使蜂群排泄。夏季的蜂群要遮阴、通风，放蜂场地要蜜源、粉源都有。晚秋蜜源场地一定要储存蜜脾，保证有足够的越冬饲料，同时要避免蜜蜂采集甘露蜜，收好越冬蜂。另外，做好巢脾、蜂箱和蜂具的消毒工作。

【药物治疗】

（1）复合酸性糖浆　1000 克糖浆（糖水比为 1∶1）中加入柠檬酸 1 克或米醋 50 毫升，再加 10 万～15 万单位林可霉素后饲喂。当气温升高以后每天傍晚饲喂，每群（10 框）每次 300～500 克。

（2）大黄滤液　大黄 10 克，用 300 毫升开水泡 3 小时后倒出药液，再冲入开水 200 毫升，泡 2 小时后倒出药液，继续用 200 毫升开水泡药渣 1 小时后倒出药液。3 次药液混合过滤，喷病脾，每脾 30 毫升左右，隔 2 天再喷 1 次。若患病蜂群病情严重，可 2 天后再喷 1 次，即可治愈。

（3）爬蜂停　1 包加水少许化开兑入 250～500 克糖浆中，调均匀后喂蜂，每群每次喷喂 250 克，隔 2 天喷喂 1 次，连续 3～4 次为 1 个疗程。

（4）抗病毒药物　1000 克糖浆（糖水 1∶1）中加入抗病毒 862 或抗病毒 1 号 3 克，再加多酶片 5 片，研细调匀后喂蜂。每群每次 400～500 克，隔 2 天喂 1 次，连续 3～4 次为 1 个疗程，效果较好。

【诊治注意事项】

爬蜂综合征是多病并发，并无特效药，在蜂群繁殖季节，应从蜂群管理上及时预防。当蜂群进入繁殖期后，应少取蜜或不取蜜，一旦下痢或出现爬蜂综合征应及时治疗。

第五章

蜜蜂敌害

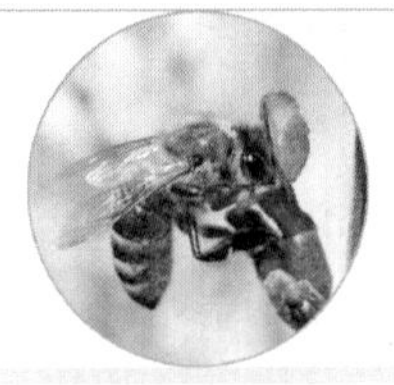

一、狄斯瓦螨

【流行特点】

目前狄斯瓦螨迅速地在世界范围的蜂群扩散，多数是从有狄斯瓦螨害地区进口蜂群再通过蜂群转地接触发生。不同地区的狄斯瓦螨传播可能是蜂群频繁转地造成的。蜂场内的蜂群间传染，主要通过蜜蜂的相互接触，盗蜂和迷巢蜂是传染的主要因素。其次蜂群管理上人为子脾互调和摇蜜后子脾的混用也可造成场内狄斯瓦螨害的迅速蔓延。另外有狄斯瓦螨群和无狄斯瓦螨群的蜂具混用，采蜜时有狄斯瓦螨工蜂与无狄斯瓦螨工蜂通过花作为媒介也可造成蜂群间的相互传染。

【症状】

狄斯瓦螨危害主要表现为幼虫房内的幼虫期、蛹期、成年蜂的畸形，四处乱爬，起飞困难。在狄斯瓦螨害严重的情况下，可造成工蜂体质衰弱，寿命缩短，采集力下降。幼虫被 2 ~ 3 只狄斯瓦螨寄生，体重将减少 15% ~ 20%，而幼虫受到 8 只以上狄斯瓦螨的危害时，可造成蛹期死亡；当蛹体受到 1 ~ 2 只狄斯瓦螨的危害时，出房后的成年蜂寿命减至 18 ~ 19 天。如果在幼蜂羽化后 1 ~ 10 天寄生狄斯瓦螨，蜜蜂的寿命缩短 50%。受狄斯瓦螨危害严重的蜂群，在蜂箱前可见到许多蜂体变形的幼蜂，翅不能伸展或残缺，工蜂体型变小，雄蜂的性功能下降，蜂王寿命缩短。狄斯瓦螨吸食蜜蜂体液，可使蜜蜂体重每 2 小时减轻 0. 1% ~ 0. 2%，飞行能力也降低。蜜蜂被狄斯瓦螨寄生后，经常扭动身体，企图摆脱，结果造成蜜蜂筋疲力尽，虚脱死亡。正在发育的蜂群，因狄斯瓦螨的寄生，蜂群群势减弱。受害严重的蜂群，各龄期的幼虫或蛹出现死亡。巢房封盖不规则，死亡的幼虫，无一定形状，幼虫腐烂；但不粘在巢房上，易清除。死蛹头部伸出，幼蜂不能羽化出房。若在秋季繁殖适龄越冬蜂时期之前不及时治狄斯瓦螨，蜂群就不能安全越冬，造成严重损失。

【诊断】

（1）巢门前观察 根据巢门前的死蜂情况和巢脾上幼虫及蜂蛹死亡状态进行判断。若在巢门前发现许多翅、足残缺的幼蜂爬行（图5-1），并有死蜂蛹被工蜂拖出等情况（图5-2），在巢脾上出现死亡后变黑的幼虫和蜂蛹，并在蛹体上见到狄斯瓦螨附着，即可确定为狄斯瓦螨危害。

（2）狄斯瓦螨检查

1）成年蜂的狄斯瓦螨寄生检查。从蜂群中提取带蜂子脾，随机取样抓取50～100只工蜂，检查其胸部和腹部是否有狄斯瓦螨寄生（图5-3），根据狄斯瓦螨数与检查蜂数之比，计算寄生率。

图5-1　残翅幼蜂

图 5-2　被拖出蜂群的蛹

图 5-3　寄生于成年蜂的狄斯瓦螨

2）幼虫或蛹的狄斯瓦螨寄生检查。用镊子挑开封盖巢房50个，用放大镜仔细检查幼虫或蛹体壁及巢房内是否有狄斯瓦螨（图5-4），根据检查的幼虫或蛹数和狄斯瓦螨的数量，计算寄生率。另外，春季或秋季蜂群内有雄蜂时期，检查封盖的雄蜂房，计算狄斯瓦螨的寄生率，也可作为适时防治的指标。

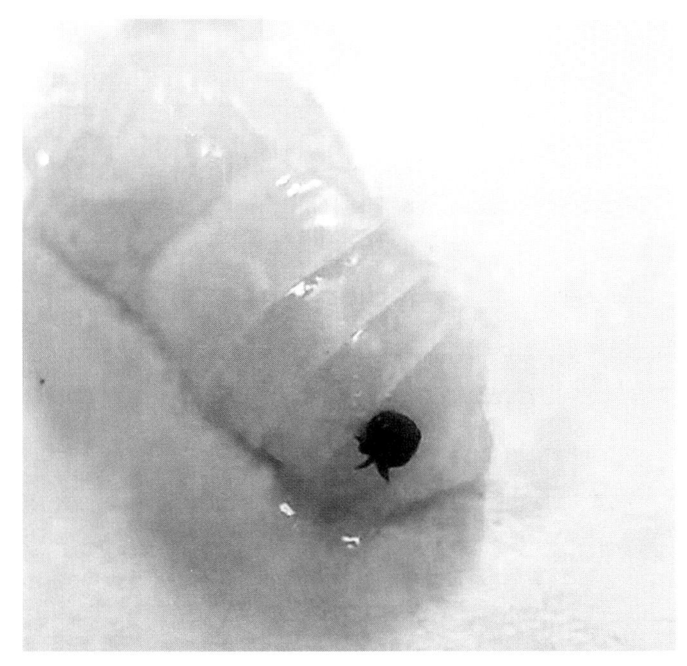

图5-4 寄生于幼虫的狄斯瓦螨

【防治】

防治狄斯瓦螨始终遵循“预防为主，综合防治”的方针，采用各种措施，如抗螨育种、均衡营养等培养强群，从而增强蜜蜂自身对狄斯瓦螨的抗性。尽量少用化学农药，以减少因用药不当产生的抗药性和对蜂产品的污染等不良后果。

（1）热处理防治法 狄斯瓦螨生长发育的最适温度为32～35℃，42℃时出现昏迷，43～45℃出现死亡。相对来说，蜜蜂耐受的温度要高

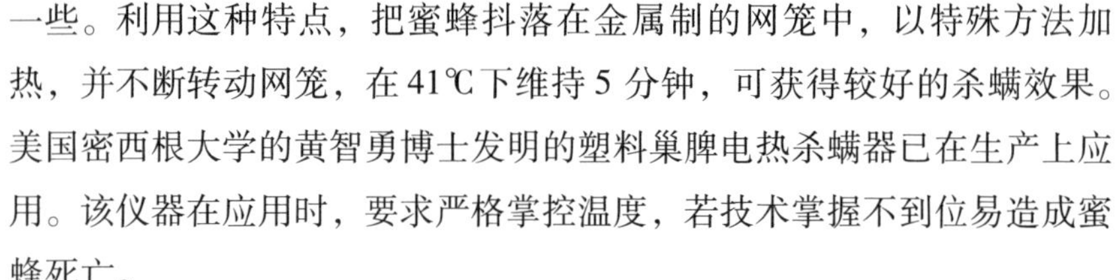

一些。利用这种特点，把蜜蜂抖落在金属制的网笼中，以特殊方法加热，并不断转动网笼，在41℃下维持5分钟，可获得较好的杀螨效果。美国密西根大学的黄智勇博士发明的塑料巢脾电热杀螨器已在生产上应用。该仪器在应用时，要求严格掌控温度，若技术掌握不到位易造成蜜蜂死亡。

（2）断子防治法　利用越冬、越夏蜂群自然断子的特点，使用药剂治狄斯瓦螨，可以达到最大的疗效。

1）自然断子期。在有蜜蜂越冬的地区，秋末冬初当外界气温降低到5℃以下，又没有新蜜源接替，蜂场多数蜂王停卵，或早春蜂群刚活动，蜂王第一批卵还未封盖的大好时机，选择药物连治3次，可将狄斯瓦螨基数压到最低水平。同样，南方夏季气候炎热，蜜粉源枯竭时，蜂王会出现一段时期的停卵，此时也应大力用药治狄斯瓦螨，然后将治过狄斯瓦螨的蜂群运到气候凉爽又有花粉源的地方进行越夏秋繁。

2）人为断子。在没有明显越冬或越夏期、蜜源条件好的地区，蜂王终年产卵不断，只是在严冬和酷暑期表现产卵量的下降。可以抓住这两个时机，或秋季茶花期前夕，采用嵌王笼强行幽王断子或采取提出封盖子脾、集中羽化的方法，迫使狄斯瓦螨暴露在脾面，选择药物连治2～3次。

3）长途转运断子。转地饲养的蜂群，经过长途转地，幼蜂已基本出房，加上群内温度高，缺乏无机盐和饲料，会造成部分幼虫和卵死亡，导致转运后的蜂群断子。在蜂群重新安置后，也应抓住时机进行药物治狄斯瓦螨。防治实践证明1年进行2次断子期治狄斯瓦螨，乃是控制终年狄斯瓦螨害以保证养蜂正常生产的关键。为了使这两次治狄斯瓦螨更彻底，通常在施药前，先用硫黄烟熏杀巢脾上的狄斯瓦螨，具体做法：预备1个巢箱、2～3个继箱、几张报纸及1个副盖等，熏脾工作可由2～3人协作进行。先在巢箱中央放置一燃烧的火炭盘，首次要加入80～100克硫黄粉，让之燃烧，并盖上副盖，使其产烟充烟。另一个人逐群抖落蜜蜂脱下全部巢脾，陈列于继箱中，即加到产生烟的巢箱上，

加副盖于继箱上，熏烟 15 分钟即可。这样，一人抖蜂脱脾，一人熏脾还脾，火大加炭，烟淡加硫黄，逐群进行流水作业，1 天可熏脾上百群，然后再选用药物治疗，对各群已上脾的成年蜂体上的狄斯瓦螨，连治 3 次，直到不再落狄斯瓦螨为止。

4）切除雄蜂封盖子。在蜂群发展进入分蜂期时，会出现成片的雄蜂封盖子，它们是狄斯瓦螨最集中的场所，应连续不断切除雄蜂封盖子。以无狄斯瓦螨群调进雄蜂幼虫脾，诱引狄斯瓦螨到雄蜂房内繁殖。通过不断地切除雄蜂封盖子配合药物的治疗，可以有效减轻狄斯瓦螨害。

5）毁弃子脾。对狄斯瓦螨害严重的蜂群，多数蛹无法羽化而死亡。在这种情况下，集中所有封盖子脾烧毁，然后进行药物治疗，可以保存一部分的飞行蜂。通过补充无狄斯瓦螨子脾，可以恢复蜂群生产力。

（3）药物防治 春季在蜂王尚未开始产卵、蜂群内尚无封盖幼子、狄斯瓦螨主要集中寄生于成年蜂体表的时候，选用高效无污染的杀狄斯瓦螨药物，能将隐匿寄生的狄斯瓦螨彻底灭杀。同样，在秋季蜂王停止产卵后或囚王迫其停产，狄斯瓦螨主要集中寄生于成年蜂体表的时候，选用高效无污染的杀狄斯瓦螨药物将其杀灭。其他时期治螨要视具体情况而定。所用药物及其使用方法如下。

1）螨扑片。用图钉将熏蒸杀狄斯瓦螨药片如熏烟剂（纸片 2 号烟剂、敌螨熏烟剂等）、熏蒸剂（如螨扑等）固定于蜂群内第 2 个蜂路间，呈对角线悬挂，使用剂量为强势蜂群 2 片、弱势蜂群 1 片，3 周为 1 个疗程。因为熏蒸杀狄斯瓦螨药片具有挥发持续时间长、对陆续出房的狄斯瓦螨具有相继杀灭的功效，故防治效果较好。采用此法，只要在随同检查蜂群时将药片挂在巢脾上即可，不需另行开箱，功效较高。

2）有机酸熏蒸。使用甲酸防治可在蜂群饲养的任何时期使用。甲酸为液体有机酸，易挥发，对蜂产品污染小、无残留、使用较安全。方法为：在断子期用甲酸溶液（甲酸 7 毫升与乙醇 3 毫升，临用前将二者混合）熏蒸，即在 22℃以上气温下，在标准箱内密闭熏蒸无蜂封盖子

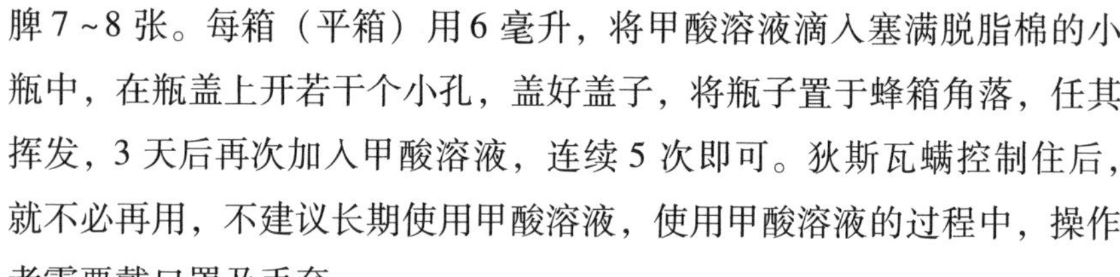

脾 7~8 张。每箱（平箱）用 6 毫升，将甲酸溶液滴入塞满脱脂棉的小瓶中，在瓶盖上开若干个小孔，盖好盖子，将瓶子置于蜂箱角落，任其挥发，3 天后再次加入甲酸溶液，连续 5 次即可。狄斯瓦螨控制住后，就不必再用，不建议长期使用甲酸溶液，使用甲酸溶液的过程中，操作者需要戴口罩及手套。

3）带蜂喷药。先将触杀型的杀狄斯瓦螨药（如杀螨 1 号、速杀螨、敌螨 1 号等）按每毫升药剂加 300~600 毫升水的比例配制成药液，充分搅拌后装入喷雾器中，均匀喷洒在带蜂巢脾的蜂体上（喷至蜜蜂体表呈现出一层细薄的雾液为宜），然后盖好蜂箱盖，约 30 分钟后狄斯瓦螨即会因急性中毒而从蜂体上脱落，24 小时内多数狄斯瓦螨都会死亡。

4）草酸防治。使用草酸进行防治，草酸为液体，可在稀糖浆中加入 3% 的草酸，溶解后均匀喷洒巢脾，每脾 2 毫升，每 3 天喷 1 次，连续防治 5 次为 1 个疗程。

（4）其他方法

1）人工分蜂治狄斯瓦螨。春季，当蜂群发展到 12~15 框蜂时，采用抖落分蜂的方法从蜂群中分出 5 框蜜蜂，以后每隔 10~15 天再从原群分出 5 框，在大流蜜期前的 1 个月停止分群。给新分群诱入王台，加入蜜脾或补饲糖浆。由于新分群只有成年蜂而没有蜂子，这时其身体上的狄斯瓦螨可参照前述方法用杀狄斯瓦螨药物杀死。

2）粉末法治狄斯瓦螨。利用各种无毒的粉末，如白糖粉、松花粉、淀粉、面粉等，将其均匀地喷撒在蜂体上，使狄斯瓦螨足上的吸盘失去作用而从蜂体上脱落。为了不让狄斯瓦螨再爬回到蜂体上，可使用纱网落螨框，将其放在箱底，在框下放一张涂有黏胶的白纸板，这样狄斯瓦螨掉落到白纸板上后即可被粘住，将其杀死。

3）中药百部煎水喷蜂脾。

方 1：百部 20 克，60 度以上白酒 500 毫升。将中药百部浸入酒中 7 天，用浸出液 1∶1 兑水喷蜂脾，以有薄雾为度，6 天喷 1 次，共喷 3~4 次，对防治狄斯瓦螨、巢虫均有效。

方2：百部20克，苦楝子（用果肉）10个，八角6个，水煎至200毫升，冷却滤渣，喷蜂脾以薄雾为度。

【诊治注意事项】

长期使用药物防治，易造成狄斯瓦螨的抗药性，应注意轮换用药；采用甲酸进行熏蒸的过程中应注意安全。

二、小蜂螨

小蜂螨属于节肢动物门，对小蜂螨样品进行形态学和分子分类学的研究，可将其分为柯氏热厉螨、梅氏热厉螨、亮热厉螨和泰氏热厉螨。寄生在中国西方蜜蜂群内的小蜂螨属于梅氏热厉螨。

【流行特点】

小蜂螨常与狄斯瓦螨一起共同危害意蜂群。狄斯瓦螨的种群密度高会抑制小蜂螨的危害和降低其种群密度。据北京地区观察，由于蜂群群势不强，在每年6月以前，很少监测到小蜂螨。到了7月中旬以后，小蜂螨寄生率呈直线上升，到9月中旬达到最高峰；到11月上旬以后，外界气温已下降到10℃以下，蜂群又基本查不到小蜂螨。小蜂螨多发生在弱群、病群及无王群。

【症状】

小蜂螨个体较小（图5-5），诊断较为困难，需认真查看。通常当

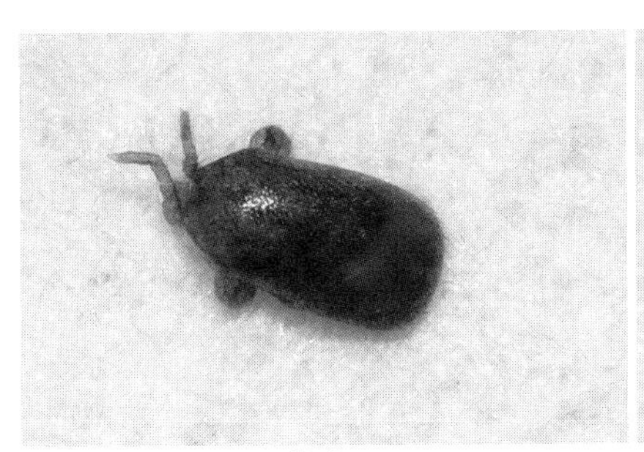

背面

腹面

图5-5 小蜂螨背、腹面

病群出现明显的死蛹症状时，病情已比较严重。夏末、秋季为发病高峰季节，若此时在子脾上发现呈乳白色或浅黄色的死亡幼虫，有些封盖蛹的房盖上有针孔大小的穿孔，巢门口有翅足不全的幼蜂，提脾检查，在阳光下偶尔可见从大幼虫房中爬出的小蜂螨，便可确认蜂群遭受了小蜂螨的危害。

【诊断】

（1）蒸检查法 当发现大量蜂子死亡，封盖有穿孔时，用1个小玻璃杯从巢脾中央抠取50~100只蜜蜂，其内放1个浸渍0.5~1毫升乙醚的棉球，熏蒸3~5分钟，盖上玻璃片，蜜蜂麻醉后，转动玻璃杯，使蜜蜂沿着玻璃杯壁滚动，待蜜蜂昏迷后，轻轻振摇几下，再将其送回原群内，小蜂螨则粘在玻璃杯杯壁上或掉落到杯底，根据蜂数及落螨数计算带螨比率。也可用药剂熏杀检查。

（2）封盖巢房检查法 提取封盖子脾，用镊子挑开封盖巢房，利用小蜂螨具有较强趋光性的特点，可迎着太阳光，仔细观察巢房内爬出的小蜂螨数量并计算其寄生率。

（3）箱底检查法 在蜂箱箱底放置纱网落螨框和1张涂有黏胶的白纸板，然后打开蜂箱盖进行喷烟6~10次，盖上蜂箱盖，过20分钟后取出白纸板统计小蜂螨数量。

【防治】

（1）断子防治法 由于小蜂螨在蜂体上仅能存活1~2天，不能吸食成年蜂血淋巴这一特性，可采用人工幽闭蜂王或诱入王台断子的方法治螨。一般工蜂发育过程中，封盖期的幼虫和蛹期为12天，将蜂王幽闭或介绍将要出房的王台，把蜂巢内的幼虫摇出，卵可使用糖浆浇浸致死，同时全部割除雄蜂蛹，这样12天后可使蜂群内彻底断子。随后放王，3天后蜂群才会出现幼虫，而这时蜂体上的小蜂螨已自然死亡。如果介绍王台，新王产卵，卵孵化成为幼虫后，大多也超过了12天。因此，幽闭蜂王断子12天，或给蜂群介绍王台断子，都可有效防治小蜂螨。

（2）分区断子防治 使用一隔王板大小的细纱质隔离板将继箱与巢箱隔离开，平箱或卧式箱则用框式隔离板。注意隔离一定要严密，不能让小蜂螨通过。每区各开一巢门，将蜂王留在一区继续产卵繁殖，将幼虫脾、封盖子脾全部调到另一区，造成有王区内 2～3 天无幼虫。待无王区子脾全部出房后，该区断子 2～3 天，使小蜂螨全部死亡后，再将蜂群并在一起，以此达到彻底防治小蜂螨的目的。相对来说，该法比幽闭蜂王断子更为优越，它既保持了蜂群的正常生活和繁殖，劳动强度也较低。

（3）雄蜂脾诱杀 同狄斯瓦螨类似，小蜂螨也喜欢寄生在雄蜂房中。利用这一特点，在春季蜂群发展到 10 框蜂以上时，在蜂群中加入雄蜂巢础，使工蜂建造雄蜂脾，待蜂王在其中开始产卵后第 20 天，提出雄蜂脾，抖落蜜蜂，打开雄蜂房房盖，将雄蜂蛹及小蜂螨取出销毁。空的巢脾用硫黄熏蒸后可以再加入蜂群继续用来诱杀小蜂螨。通常每个蜂群准备 2 个雄蜂脾，轮换使用。每隔 16～20 天割除 1 次雄蜂蛹，可以有效控制小蜂螨的发生。

（4）升华硫防治 将升华硫药粉均匀地撒在蜂路和框梁上，也可直接涂抹于封盖子脾上，注意不要撒入幼虫房内，以防造成幼虫中毒。为有效掌握用药量，可在升华硫药粉中掺入适量的细玉米面做填充剂，充分调匀，将药粉装入大小适中的瓶内，瓶口用双层纱布包起，用药时瓶口对准要撒的部位轻轻抖动，撒匀即可。可用双层纱布将药粉包起，直接涂布封盖子脾，一般每个蜂群（10 足框）用原药粉 3 克，每隔 5～7 天用药 1 次，连续 3～4 次为 1 个疗程。用药时，注意用药要均匀，用药量不能太大，以防引起蜜蜂中毒。

【诊治注意事项】

长期使用药物防治，易造成小蜂螨的抗药性，应注意轮换用药。

三、大蜡螟

大蜡螟（俗称巢虫）属鳞翅目、螟蛾科、蜡螟亚科、蜡螟属，广

泛分布于世界各地，因其幼虫吞食蜂巢，在巢脾上钻蛀隧道、吐丝做茧、蛀食蜡质和蜜汁、伤害蜜蜂幼虫和蛹，影响蜂群的繁殖，而成为养蜂业的重要害虫

【流行特点】

大蜡螟的发生与外界温度有很大关系。卵和幼虫的发育需要较高的温度（30～35℃），过低或过高的温度都会使大蜡螟生长缓慢，甚至死亡。纯蜡和新脾不适宜大蜡螟幼虫的发育，会造成幼虫发育中断，成虫个体变小，产卵量下降。中蜂群常更换老脾，对抑制大蜡螟的发生有重要作用。

大蜡螟的生活史为2个月左右，长可达6个月之久。就周期较长的来说，休眠发生在前蛹期。羽化出来的雌蛾，一般经过5小时以上才能交尾。交尾一般在夜间进行。成虫交尾可有1～3次，每次交尾历时几分钟，长可达3小时，交尾后雌蛾产卵器外露，夜间四处寻找产卵场所（图5-6）。

图5-6　交尾的雌、雄大蜡螟

成蛾羽化后既不要食物也不要水分，多数在羽化后4～10天才开始产卵（图5-7）。产卵期平均3.4天。产卵量在600～900粒之间，个别可产1800粒卵。产卵位置多在箱壁缝隙中。

图5-7　大蜡螟卵期

雌蛾寿命为3～15天，在30～32℃条件下，多数交尾过的雌蛾会在7天内死亡。

卵在较高气温（29～35℃）下发育快，卵产下3～5天后，即开始孵化。在18℃下卵的孵化期可延至30天。将卵短期暴露在极端温度下（46.1℃以上70分钟，0℃以下270分钟）会造成卵全部死亡。

湿度对卵的孵化影响也很大。相对湿度在25%～35%时，有1/3的卵不能孵化。高湿环境比低湿环境有利于卵的孵化，可使卵期缩短1～2天，死亡率下降14%。但是，湿度高于94%时，卵易发霉；湿度低于50%时，卵易干枯，最适湿度为60%～85%。

幼虫期为45～63天，初孵幼虫有蚕食卵壳或怕光的习性（图5-8）。

幼龄幼虫会先取食蜂蜜和花粉，随后会从巢房壁外部钻进花粉内，逐渐向巢脾中部延伸，在那里继续取食、长大，免受工蜂的清除。

图 5-8　大蜡螟幼虫

初孵幼虫活泼，爬行迅速，2 龄以后的幼虫活动性明显减弱。1 龄幼虫体小，不易被工蜂清除，上脾可高达 90%。幼虫期一般 6 ~ 8 龄。1 ~ 2 龄食量小，对蜜蜂影响不大；3 ~ 4 龄食量大，钻蛀隧道，是造成“白头蛹”的主要虫期；5 ~ 6 龄幼虫个体大，在脾上取食，易被工蜂咬落箱底，不再上脾。

【症状】

大蜡螟给我国养蜂业造成的损失，尚无准确估计。它们对中蜂危害特别严重。大蜡螟只在幼虫期取食巢脾，危害蜂群封盖子，经常造成蜂群内的“白头蛹”，严重时封盖脾 80% 以上的面积出现“白头蛹”，勉强羽化的幼蜂也会因房底的丝线困在巢房内（图 5-9、图 5-10）。另外，大蜡螟对储存待用的巢脾破坏性极大，一旦在储存时让大蜡螟侵入，一个冬季过后，全部巢脾往往被蛀食一空。

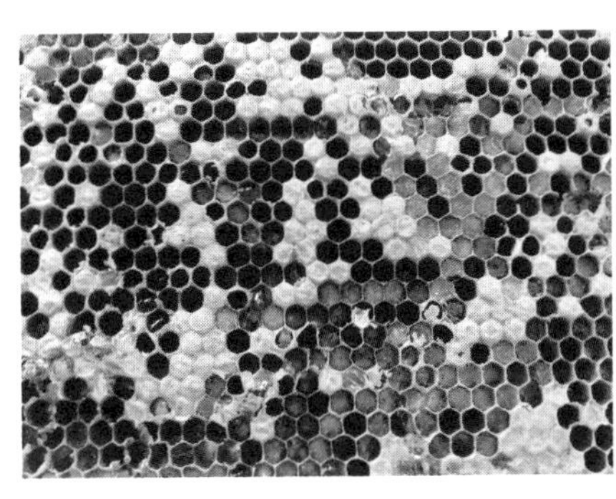

图 5-9　大蜡螟危害

【防治】

在蜂群内，由于用药防治大蜡螟存在困难，会污染蜂产品，所以应采取“以防为主，综合防治”的方针，利用大蜡螟的生活习性，在饲养管理上防止其发生。通过不断地清理巢箱和利用新脾可以有效防止大蜡螟的大发生。此外，及时扑打成蛾，清除箱内的蛹、卵块和幼虫也是防治大蜡螟的一项重要措施。

（1）饲养管理

1）抽出空脾，集中群势，利用蜜蜂的自卫力，结团护脾，免受大蜡螟侵害。

2）利用蜜蜂“喜新脾，厌旧脾”的习性，采取加础筑造新脾，可减少大蜡螟的危害，降低其产卵量。

3）刮除箱底、框槽、框角旧蜡及蜡屑，将旧框投锅煮沸，严禁散置蜡屑、赘蜡和余脾。

4）冬季扑杀蜂箱与巢脾裂缝及保温物内的越冬虫蛹；春季及早捕杀成蛾和卵块。

（2）物理防治　为防止药剂防治给蜂产品带来的污染，可将蜂具或蜂产品进行人工致冷，在 −6.7℃冷冻 4.5 小时，−12.2℃下 3 小时和 −15℃下 2 小时处理，可杀死各期大蜡螟。

此外，采取水泡脾、水浸脾、水浸蜂箱、框耳阻隔器等方法，也可

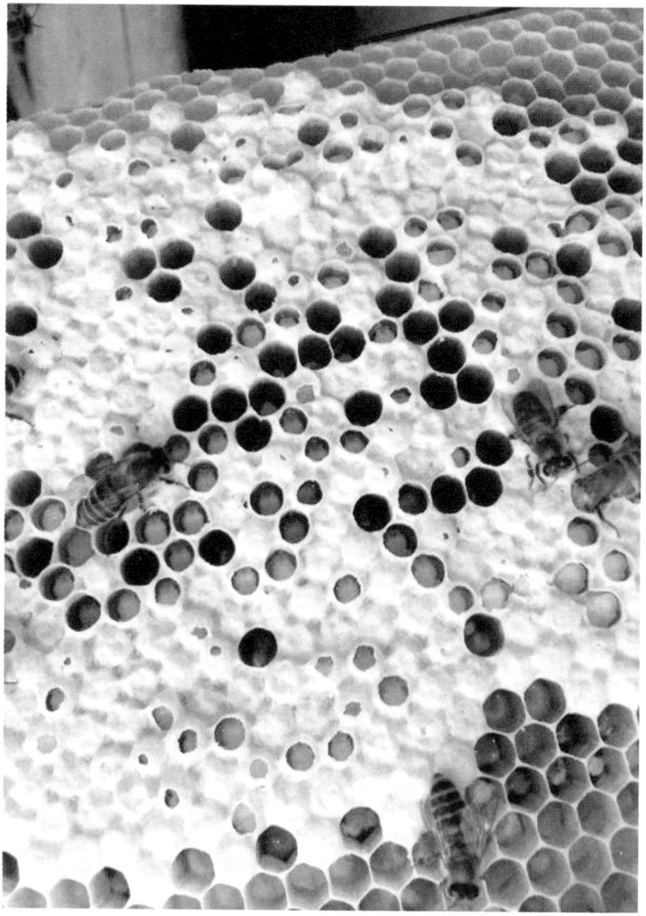

图 5-10　大蜡螟造成的“白头蛹”

减轻大蜡螟的危害。

（3）化学防治　药剂治疗主要针对储存的巢脾，蜂群内的药剂防治则相当困难。用 36 毫克/升氧化乙烯对巢脾熏蒸 1.5 小时，可杀灭各期大蜡螟。用 0.02 毫克/升二溴乙烯熏蒸巢脾 24 小时，也可杀灭各期大蜡螟。此外，熏杀大蜡螟常用的药物还有二硫化碳、冰醋酸、硫黄（二氧化硫）、氰化钙、溴甲烷、萘及对二氯苯。

【诊治注意事项】

防治大蜡螟主要是保持蜂箱底部干净及蜂场环境卫生，加强饲养管理及强群饲养。

四、胡　蜂

【流行特点】

胡蜂属于完全变态发育的昆虫，一生中经历卵、幼虫、蛹、成虫4个阶段。胡蜂在南方山区危害严重，特别是夏、秋季节。胡蜂根据蜂群巢门口的守卫蜂数量，采取不同的方式获取蜜蜂：弱群的巢门口胡蜂数量偏多，强群则相反；弱群极易被胡蜂侵入，引起蜂王丢失或死亡，蜂群发生逃群等（图5-11、图5-12）。

图5-11　工蜂撕咬胡蜂

【防治】

（1）“毁巢灵”防除法　将约1克的“毁巢灵”药粉装入带盖的广口瓶内，在蜂场用捕虫网网住胡蜂后，把胡蜂扣进瓶中，立即盖上盖，因其振翅而使药粉自动敷在身上，稍停几秒钟后迅速打开盖子，放其飞

图 5-12　胡蜂进入蜂箱危害蜂群

走。敷药处理的胡蜂归巢后，自然将药带入巢内，起到毒杀其他个体的作用。此法称为“自动敷药法”，简单快速，但敷药量不定。也可用人工敷药器，给捕捉到的胡蜂胸背板手工敷药。此方法用药位置和药量均较准确，但操作时间较长。胡蜂巢距离蜂场越近，敷药蜂回巢的比例就越大，反之越少。处理后归巢的胡蜂越多，全巢胡蜂死亡就越快。采用自动敷药法，一般在敷药处理 1 ~3 小时后，胡蜂出勤锐减，大多数经 1 ~2 天，最长 8 天全巢胡蜂中毒死亡，遗留下的子脾也会中毒或饥饿而死。由于胡蜂巢的远近不明，最好能多处理一些胡蜂或两种方法兼用，以保证有一定数量的敷药蜂回巢，确保达到毁除全巢的效果。

（2）诱引捕杀法　用少量敌敌畏拌入少量咸鱼碎肉里，盛于盘内，放在蜂场附近诱杀。日本学者 Okada（1980）曾将杀蟑螂的粘虫纸放在蜂场，先在纸上粘上 1 只已死的胡蜂，可诱引其他胡蜂，被粘上的胡蜂还有互相咬食的现象。

（3）防护法　胡蜂危害时节，应缩小巢门、加固蜂箱，或者在巢门口安上金属隔王板或毛竹片等阻隔器（图 5-13），可防胡蜂侵入。

图 5-13　巢门阻隔器

【诊治注意事项】

采用多种方法相结合的原则进行胡蜂的防治，要注意所用药物浓度。

五、斯氏蜜蜂茧蜂

【流行特点】

斯氏蜜蜂茧蜂分布在海拔 800 ~ 1700 米的地区，受各地气候影响，发生代数存在明显区别。在广东省的 2 月、贵州省的 4 月下旬，已经在蜂群中发现斯氏蜜蜂茧蜂寄生，随着温度逐步升高，寄生率逐渐降低，蛹茧在蜂箱裂缝及蜡屑内或箱底泥土内越冬。

【症状】

被寄生中蜂个体死亡，蜂群质量差，采集情绪下降，严重影响中蜂群势。中蜂被寄生初期无明显症状，待斯氏蜜蜂茧蜂幼虫老熟时，可见大量被寄生的蜜蜂离脾，六足紧卧，伏于箱底和箱内壁，巢门踏板偶

见，腹部稍大，丧失飞行能力，螫针不能伸缩，不蜇人（图 5-14）。中蜂不论蜂群群势强弱，皆被寄生，幼蜂多的蜂群被寄生率高。斯氏蜜蜂茧蜂从茧内羽化后，雌、雄蜂即追逐交尾。成年斯氏蜜蜂茧蜂（图 5-15）常栖息在蜂箱内，在炎热的夏季，可在圆桶蜂群的蜂箱外壁上找到。成年斯氏蜜蜂茧蜂不趋光，飞行时呈摇摆状。中蜂群在向阳处被寄生少，阴湿处被寄生多。雌性斯氏蜜蜂茧蜂喜欢选择 10 日龄以内的中蜂幼蜂产卵（图 5-16），在每只中蜂体内仅产 1 粒卵，且多于腹部第 2～3 节节间膜产入。解剖观察发现，其卵多位于中蜂蜜囊和中肠附近，产卵处伤口愈合后可见小黑点。室内接种发现，斯氏蜜蜂茧蜂不寄生西方蜜蜂。

图 5-14　被斯氏蜜蜂茧蜂寄生的工蜂

【诊断】

斯氏蜜蜂茧蜂蜂茧和蜂箱内寄生大、小蜡螟的蜡螟绒茧蜂蜂茧非常相似，切忌混淆。斯氏蜜蜂茧蜂蜂茧稍大，色较深，质地较厚；斯氏蜜

图 5-15　成年斯氏蜜蜂茧蜂

图 5-16　被斯氏蜜蜂茧蜂寄生的幼蜂

蜂茧蜂的成年蜂与蜡螟绒茧蜂的成年蜂极为相似。

【防治】

已知斯氏蜜蜂茧蜂分布在海拔 800～1700 米的地区，因此各地应查明斯氏蜜蜂茧蜂分布，尽量不从此类分布区引入中蜂蜂群，以免斯氏蜜蜂茧蜂扩散。该虫在蜂箱裂缝及蜡屑内或箱底泥土内做茧化蛹，第 2 年才羽化出蜂，故应在第 2 年升温前彻底打扫蜂箱及箱底泥土，清除越冬蛹茧；平时也要经常打扫，适时换箱，反复晒箱；发现成年斯氏蜜蜂茧蜂及时扑杀，可减轻危害；建议加强蜂群管理，及时发现被感染蜂群并做销毁处理，防止被感染蜂场随着蜂群的流动进一步扩散。

六、蜂巢小甲虫

蜂巢小甲虫（SHB）是一种寄生在蜂群内的杂食昆虫，其成虫和幼虫以蜜蜂幼虫、蜂蜜和花粉为食，因而会导致蜜蜂幼虫死亡、蜂蜜发酵和巢脾损毁，常造成整个蜂巢坍塌、蜂群弃巢飞逃。蜂巢小甲虫在温暖高湿地区的危害明显高于低温干燥地区。

【症状】

虽然成虫对蜂群的危害相对较轻，但可导致逃群（即成年蜂全部弃巢飞逃）。如未能有效阻止，蜂巢小甲虫幼虫的取食行为通常会导致蜂蜜发酵、巢脾严重损毁，以及常造成整个蜂巢坍塌。蜂巢小甲虫幼虫以蜂蜜和花粉为食，它们挖洞穿过巢房，所经之处全被破坏。这样造成的直接后果是蜂蜜颜色不正常，并伴有发酵现象，还散发出一种类似于烂橙子的异味。在巢房和封盖被破坏且发酵的情况下，蜂蜜会起泡并溢出巢房，甚至流出蜂箱。有时蜂巢小甲虫幼虫所经之处会留下一种带臭味的黏质物，这种物质可迫使蜜蜂弃巢而逃。蜂巢小甲虫成虫则喜食蜜蜂卵和幼虫，严重影响蜂群繁殖力，致使蜂群垮掉、飞逃，甚至死亡。蜂巢小甲虫侵染储蜜区域会造成严重经济损失。通常储蜜相关的环境条件，如高温高湿，为蜂巢小甲虫的生长发育提供了适宜的条件。此外，蜂巢碎屑中或蜂箱插板下可能发生蜂巢小甲虫隐性低水平繁殖，前期无任何危害迹象，不易被发现。

【诊断】

检查人员将巢脾水平置于报纸上方，轻敲巢脾，蜂巢小甲虫便落到报纸上。蜜蜂散开时，便可看到蜂巢小甲虫，翻动成年蜂也可观察到蜂巢小甲虫；由于蜂巢小甲虫背部外壳也很光滑，个体小及弯曲的体型都使得很难抓住它们。此外，足和触角可以缩到身体下面来自我保护，蜜蜂也很难抓住它们，以致蜜蜂很难驱除这些害虫。不过，可以在手指尖上涂抹蜂蜜使手指有点黏性，当蜂巢小甲虫落在纸上时，轻轻按下手指使它们粘到指尖上，然后放进广口瓶里，这样不需任何特殊设备也可快速收集蜂巢小甲虫。蛹期结束后，新的蜂巢小甲虫成虫从泥土中钻出，在地面上留下小洞口（不过在野外很难发现这些洞口），约 7 天后性成熟，如果不受蜜蜂阻止，雌虫开始在蜂箱裂缝或蜜蜂幼虫脾缝隙里产卵。它们的卵很小，养蜂人通常观察不到，所以最好还是用蜂巢小甲虫成虫、幼虫及其产生的黏液判断其是否侵入蜂群（图 5-17 ~ 图 5-19）。

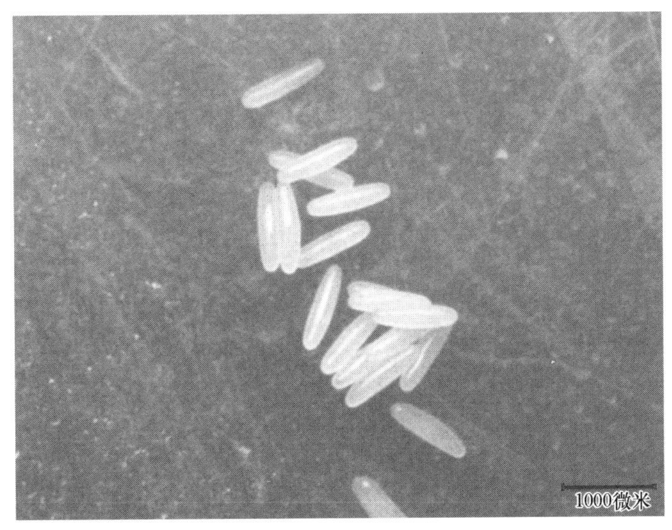

图 5-17　蜂巢小甲虫虫卵

背面

腹面

图 5-18　蜂巢小甲虫成虫背面、腹面

【防治】

（1）饲养管理技术方面

1）采用人工去除蜂巢小甲虫也可以被视为一种控制方式，但需要大量的劳动力开展相关工作；可以在蜂箱内外安装不同形式的蜂巢小甲

图 5-19　蜂巢小甲虫幼虫

虫陷阱，定期检查蜂群进行处理。

2）强群饲养蜜蜂，足够的守卫蜂执行守卫行为，缩小巢门以减少蜂巢小甲虫的进入，虽然有执行巡逻任务的工蜂，仍然不能完全巡逻整个蜂箱，因此减少蜂巢小甲虫进入蜂箱非常有必要，如非洲化蜜蜂使用蜂胶处理巢门，可防止蜂巢小甲虫进入蜂箱。将蜂箱搬至水泥地面或厚黏土的地方，尽量保持蜂箱内外的干燥。

3）饲养管理过程中，尽可能查找、填补蜂箱内的裂缝缝隙，减少蜂巢小甲虫隐藏区域和繁殖区域。确保工蜂可以到达蜂箱内所有区域，工蜂执行相应的卫生清理行为，减少或避免蜂巢小甲虫产卵；保证蜂箱底部干净。

（2）物理防控技术方面

1）将受感染的养蜂场的顶层土壤被清除、处理或深埋在地下，虽然这种情况需要耗费非常多的劳动力，但当全场蜂群均被感染时，尽量采取这种方式，尽可能消除隐患。

2）光防控。蜂巢小甲虫对不同波长光谱有不同的反应，发现蜂巢小甲虫的幼虫和成虫受到紫外光 390 纳米波长的吸引，表现出强烈的正向趋光性。在蜂场采用 Led 灯管，波长 390 纳米的引诱灯进行诱捕，在巢蜜生产期间吸引蜂巢小甲虫，进而达到控制蜂巢小甲虫的目的。

3）熟石灰和硅藻土防控。熟石灰或硅藻土混合的土壤可以促使蜂巢小甲虫的蛹期阶段因脱水而无法化蛹，熟石灰仅在高剂量（每 100 克土壤中 10～15 克）时可降低蜂巢小甲虫的繁殖成功率，结合硅藻土可以更好地降低蜂巢小甲虫的繁殖成功率。

（3）生物防控技术方面

1）采用两种昆虫病原线虫（*Steinernema kraussei* 和 *S. carpocapsae*）对蜂巢小甲虫的防控进行了测定，尤其是土壤中幼虫阶段，控制率达到 100%，持续时间达到 3 周。同时，欧洲市场上各地都有售这些产品，建议在蜂箱周围 0.9～1.8 米范围内处理。

2）采用不同亚种苏云金芽孢杆菌（Bacillus thuringiensis Berline，Bt）进行蜂巢小甲虫的防控，通过添加于花粉团进行混合饲喂，很好地抑制了蜂巢小甲虫的繁殖。采用 RNAi（RNA 干扰）技术，通过注射 dsRNA（双链 RNA）导致蜂巢小甲虫幼虫的死亡。因此笔者认为，RNAi 具有目的特异性，将为今后防控蜂巢小甲虫提供高效快速的方法。

3）通过蜂巢小甲虫放射生物学的信息，在 45～60 戈瑞（Gy，辐射吸收剂量的单位）时，未受辐射的雄性和受辐射的雌性之间的交配，平均繁殖力降低了 99%，在 1%～4% 低氧条件下以 45 戈瑞照射未交配的成年雌性和雄性，可导致高度不育。因此，不育昆虫技术可以作为新技术抑制新入侵的蜂巢小甲虫种群蔓延。

4）通过设置只允许蜂巢小甲虫进入，而蜜蜂无法进入的陷阱，陷阱内添加苹果醋、矿物油、硼酸及其酵母菌（*Kodamaea omeri*）发酵物作为诱饵进行物理防控，诱饵中添加化学药剂进行综合防控。

（4）化学防控技术方面 主要采用化学药剂进行防控，目前国外主要防控蜂巢小甲虫的商品有 GardStar®（除虫菊酯类土壤灌溉）、

CheckMite®（有机磷酸酯条带）、APITHOR™（芬普尼，箱底使用）；尤其是APITHOR™适用于蜂箱底部，设计的塑料外壳，防止蜜蜂接近或接触纸板插件，测定显示可以显著快速地减少蜂箱中成年蜂巢小甲虫的数量，对蜜蜂群体健康及蜂产品安全性均无影响。

【诊治注意事项】

加强蜂群的饲养管理，饲养强群避免蜂巢小甲虫的繁殖；化学防控采用多种药物交替使用，避免出现耐药性及药物残留。

第六章

遗传和环境因素引起的疾病

一、高低温伤害

温度作为蜜蜂生存和发展的主要环境因子之一，不适应的温度变化都会对蜂群造成伤害，也是蜂群发生病害的主要诱因。

1. 卷翅病

【症状】

蜜蜂卷翅病主要由不稳定的温度变化引起，多发生于粉源比较充足的季节。该病主要表现为刚羽化出房的幼蜂翅尖卷曲、折皱，严重时两对翅膀完全卷曲。得病的幼虫多出现在蜂巢外围的边脾上面，常在第一次出巢认巢飞行时掉落死亡。

【预防】

预防卷翅病要在日常管理上下功夫，常年应该保持蜂多于脾，保证蜂群内部对温度的调节能力。在气温不稳定的时期，应该做好保温或者降温工作。平时管理时不宜常开箱检查，以免影响巢内的正常温度。

【诊治注意事项】

在高温季节加强蜂群通风或者遮阴，降低温度对蜂群的伤害；低温季节进行适当的保温，防止蜂群受到冻伤，降低蜂群损失。

2. 卵或幼虫高低温致死

【症状】

持续的高温或者低温使蜂群失去温度调节能力是引起卵或幼虫受到伤害和死亡的主要原因。在持续高温或低温下，卵不能孵化而干枯或者

受到严重伤害而被工蜂清理掉，幼虫同样会受到伤害而死亡，或者虽然能羽化出房但会引起其他病变。刚封盖的子脾在持续高低温影响下会出现穿孔现象。

【预防】

预防卵或幼虫的高低温致死重在管理。高温季节要做好蜂群的遮阴，适当加大蜂路，适时喂水。在低温季节要做好保温工作，调整巢内蜂子结构，保持蜂多于脾。对于过弱的蜂群要及时合并或者适当调脾增加蜂群的群势，提高蜂群整体抗逆能力。

【诊治注意事项】

在高温季节加强蜂群通风或者遮阴，降低温度对蜂群的伤害；低温季节进行适当的保温，防止蜂群受到冻伤，降低蜂群损失。

3. 其他温度引起的疾病

持续的高温会引起欧洲幼虫腐臭病的发生。在早春持续的低温情况下，蜜蜂无法飞行排泄，容易引发微孢子虫病、下痢，以及春繁时保温不当会引起爬蜂综合征和囊状幼虫病，详细内容参见相应病害的介绍。

二、工蜂产卵

【症状】

工蜂产卵主要是由于蜂群长时间失王造成的。在蜂群没有蜂王，巢内又没有 3 日龄以下的小幼虫的情况下，工蜂卵巢便开始发育，几天后开始产卵（图 6-1）。发生工蜂产卵的蜂群最为明显的症状就是 1 个巢房出现数粒卵，而且东倒西歪，有的卵甚至在巢房壁上。如果工蜂产卵时间超过 20 天，工蜂产的卵便会封盖羽化，可以看到小型雄蜂出房（图 6-2）。工蜂产卵的蜂群，常处于怠工状态，工蜂体色黑而发亮且很少出巢采集，开箱检查时慌乱，易暴躁蜇人。对于工蜂产卵的蜂群，如果不及时进行处理，整个蜂群便会死亡。

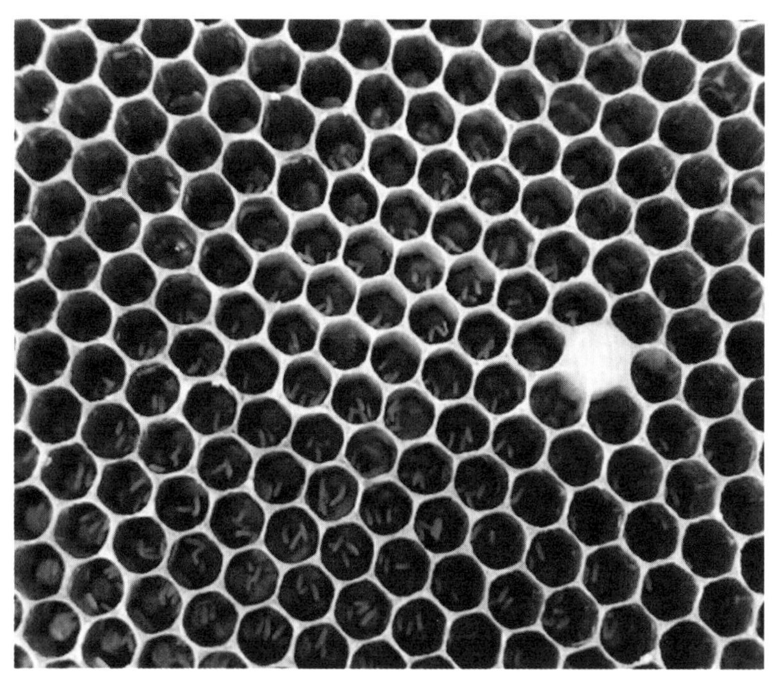

图 6-1　工蜂产卵

【防治】

（1）介绍成熟王台或者产卵蜂王　如果发现蜂群失王，工蜂开始产卵，应及时介绍成熟王台或者产卵蜂王，待蜂王开始产卵后，工蜂产卵现象会逐渐消失，蜂群进入正常状态。

（2）合并　如果工蜂产卵时间较长且蜂群比较弱，可以将工蜂产卵脾全部提走，原地放空蜂群，待产卵工蜂饥饿 1 天后，并入他群。

（3）调脾　如果工蜂产卵严重且蜂群比较强，此时应该将工蜂产卵脾全部提走，然后从其他群调入成熟封盖子脾和粉蜜脾，让工蜂无处产卵，同时介绍成熟王台或者产卵蜂王，蜂王开始产卵后工蜂产卵现象自然消失。

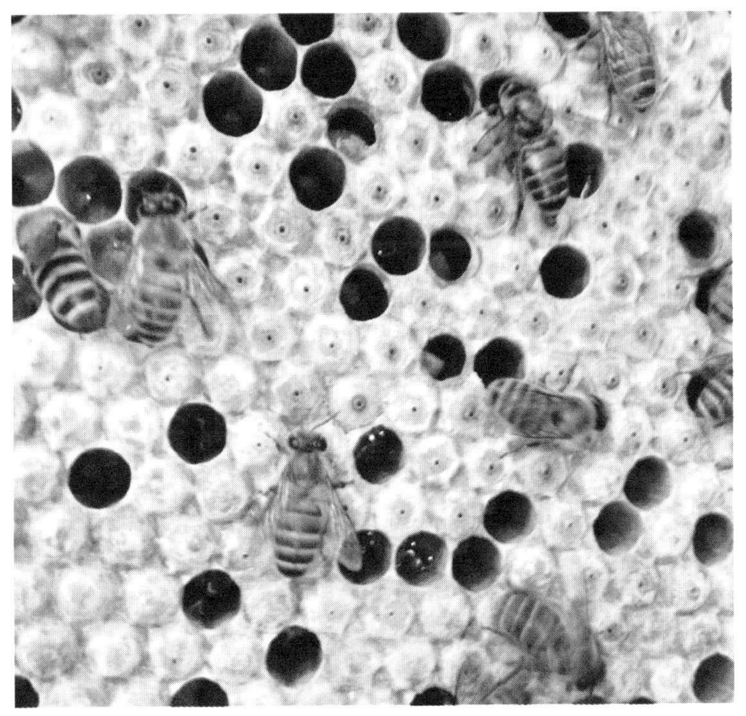
图 6-2 工蜂产卵后的雄蜂封盖子

【诊治注意事项】

如果发现蜂群中的工蜂开始产卵，应及时介绍成熟王台或者优质产卵蜂王；如果工蜂产卵严重，要及时将其合并到相近的蜂群。

三、下 痢

下痢在蜂群中是一种普遍的病害，全年都有发生，但主要发生在寒冷的冬季和早春。发病较轻的蜂群常在天气转暖、飞行排泄后可以自愈，患病重的蜂群飞行困难，大多趴在巢门附近，然后死去。引起蜜蜂下痢的主要病因有细菌感染、吸食了变质的饲料及采食了不易消化的甘露蜜等。

【症状】

患病的蜂体大多腹部膨大，在蜂箱周围缓慢爬行，排黄色稀便。冬季或早春蜜蜂常在蜂箱及周围的房屋墙壁上排大量黄色粪便，常伴有恶臭气味（图6-3）。

图6-3　蜂箱箱壁上有工蜂排的黄色粪便

【防治】

（1）饲喂优质饲料　在外界蜜源缺乏的季节给蜂群留足饲料，饲喂糖液时，浓度要高，水分不宜过高；饲喂花粉时，一定要经严格消毒，不能将发霉变质的花粉饲喂给蜂群。

（2）适时喂水　在蜜蜂采水困难的季节，尤其是早春，应该在群内饲喂水，以免蜜蜂采集到受污染的水。饲喂时，适当加入食盐和防泻药物。

（3）促使蜜蜂飞行排泄　早春时节，找晴暖天气，开大巢门，促使蜜蜂外出排泄，或者饲喂少量优质糖液，蜜蜂就会出巢飞行。在促使

蜜蜂飞行排泄后，病情便会缓解和自愈。

（4）清除巢内甘露蜜　在蜜蜂采集到甘露蜜后，应该及时地将其清除，补助饲喂优质糖饲料或者封盖蜜脾。

【诊治注意事项】

食物引起的消化不良通常导致蜜蜂患下痢病，因此在冬季及早春给蜂群补充优质的饲料，同时在晴暖天气要及时促使蜜蜂出巢排泄；在蜜源枯竭的季节，蜜蜂很容易采集甘露蜜，因此应将甘露蜜尽量清除出去，补充优质的糖饲料给蜂群。

第七章

蜜蜂中毒

一、农药中毒

【症状】

农药中毒的蜂群性情暴躁，爱蜇人，常常追逐人畜；蜂箱巢门前会突然出现大量中毒蜜蜂，强群死蜂严重，弱群死蜂少，交尾群几乎无死蜂；箱底有许多死蜂，提出巢脾会发现一些中毒蜜蜂无力附在脾面上而掉落箱底（图7-1）。

图7-1 死在巢内的中毒蜂

死蜂主要是外勤蜂（采集蜂），甚至一些死蜂腿上还带有花粉团，

蜜囊里饱含花蜜；死蜂双翅张开，腹部内弯勾卷，吻伸出（图 7-2）；中毒轻微时，蜜蜂有的不能或只能短距离飞行，有的肢体失灵、颤抖、后足麻痹，有的在地上翻滚、打转、急剧爬行；中毒严重时，大幼虫会中毒死亡，掉入箱底；拉出死亡蜜蜂肠道，中肠缩短，肠道空，环纹消失。

图 7-2　中毒死亡的蜜蜂

导致蜜蜂中毒的农药大致分为有机磷和有机氯农药两种。有机磷农药中毒的蜜蜂腹部膨胀、双翅不分开、身体颤抖，大多死于箱中。有机氯农药中毒的蜜蜂肢体颤抖、麻痹，大多死于采集或者反箱途中，但是大多数有机氯类农药在我国逐渐禁止使用。

【预防】

蜜蜂因农药导致的中毒发病迅速，蜂群处理麻烦，蜂农损失严重，更甚者可能造成蜂群全军覆没。因此，蜜蜂农药中毒预防重于治疗，提前做好预防措施是重中之重。

选择放蜂场地时要及时与当地农技部门和附近村民沟通备案，明确本地粮农作物农药喷洒时间，互相配合，尽量避免花期喷洒对蜜蜂有高毒性的农药，减少中毒发生。如急需在花期施药，应选用高效低毒、药效期短、对蜜蜂无害的农药，并及时通知蜂场，在施药的前一天晚上关闭巢门，幽闭蜂群。在不影响农药效果和不损害农作物的前提下，可在农药中加入驱避剂，如石炭酸（苯酚）、硫酸烟碱、煤焦油等。

养蜂场及其周围，禁止存放和使用农药；不用未经洗刷的容器盛装蜂蜜和其他饲料，不用喷过农药的喷雾器喷蜂；不用装过农药的车厢装运蜂群；禁止在有农药污染的水源附近放蜂。

【解毒】

农药中毒的蜂群需要立即转地迁出施药区，无法转地迁场的蜂场，要立即关闭巢门。同时摇出蜂群中已被农药污染的存蜜或花粉，将被农药污染的巢脾，用20%碳酸氢钠溶液浸泡 12 小时，用清水洗净后，再用摇蜜机把蜂脾上的饲料和水摇出，晾干后备用。然后重新饲喂新鲜稀米浆或蜜水（蜜水比例为 1:4），供给蜂群以缓解毒性。对于有机磷农药中毒的蜂群，用 0.05%～0.10%硫酸阿托品或用 0.10%～0.20%解磷定溶液喷洒蜂体解毒。

【诊治注意事项】

蜂群幽闭期间，要给蜂群喂水，为蜂箱遮阴降温，打开覆布或增加继箱加强通风。

蜂群关闭巢门时间的长短，要根据气温和所喷施农药的种类而定。低毒性，通常关闭 4～6 小时；中等毒性，一般为 1 个昼夜；高毒性，需要 3～4 个昼夜。

二、甘露蜜中毒

【症状】

由于甘露蜜是由不同植物或昆虫分泌的，因此其对蜜蜂的危害程度也不同。有的甘露蜜对蜜蜂危害较小，没有中毒症状，还可取出甘露蜜；而有的植物分泌的甘露蜜对蜜蜂危害较大，可引起蜜蜂大量中毒死亡，而养蜂者很难对其进行区分。有些蜂场的越冬蜂采集了甘露蜜并作为越冬饲料，越冬前期症状不明显，到后期蜜蜂会因消化不良，出现中毒症状。

1）开箱检查未封盖蜜脾，如果蜜汁浓稠，呈暗绿色，且有结晶现象（图7-3、图7-4），即可初步判断是甘露蜜中毒。观察中毒的蜜蜂腹部膨大（图7-5），伴有下痢，失去飞行能力；常在巢脾框梁上或巢门附近缓慢爬行，排泄大量粪便于蜂箱壁、巢脾框梁及巢门前，有的从巢脾上或隔板上坠落于蜂箱底，死于箱内或箱外。

图7-3 有甘露蜜结晶的蜜脾

图 7-4　巢内结晶的甘露蜜块

图 7-5　甘露蜜中毒的成年蜂

2）用镊子拉出死蜂消化道，若发现蜜囊呈球形，中肠萎缩，呈灰白色，有黑色絮状沉淀，后肠呈蓝色或黑色，肠内充满暗褐色或黑色粪便，则可判断蜜蜂为甘露蜜中毒引起的死亡。

【诊断】

（1）石灰水检验法 取蜂蜜3毫升，加水3毫升混合，加入饱和石灰水（石灰加在水中不继续溶解时，上部澄清液即为饱和石灰水）6毫升，加热煮沸后，静止数分钟，若出现棕黄色沉淀即证明有甘露蜜（图7-6）。

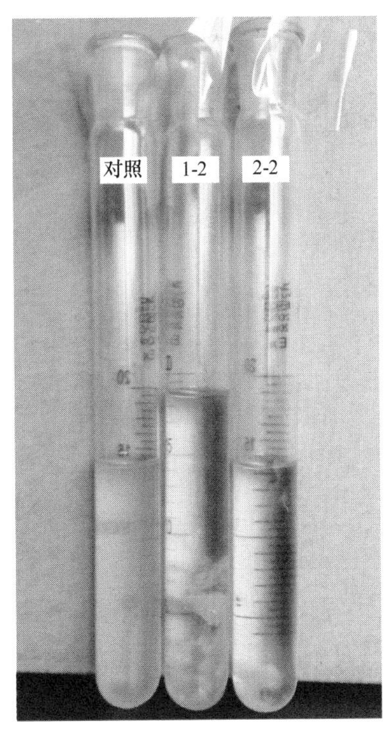

图7-6 石灰水检测对照图

（2）酒精检验法 取蜂蜜3毫升，加纯净水3毫升充分混合，再加入95%酒精10毫升，摇匀后若出现白色混浊或沉淀即证明有甘露蜜（图7-7）。

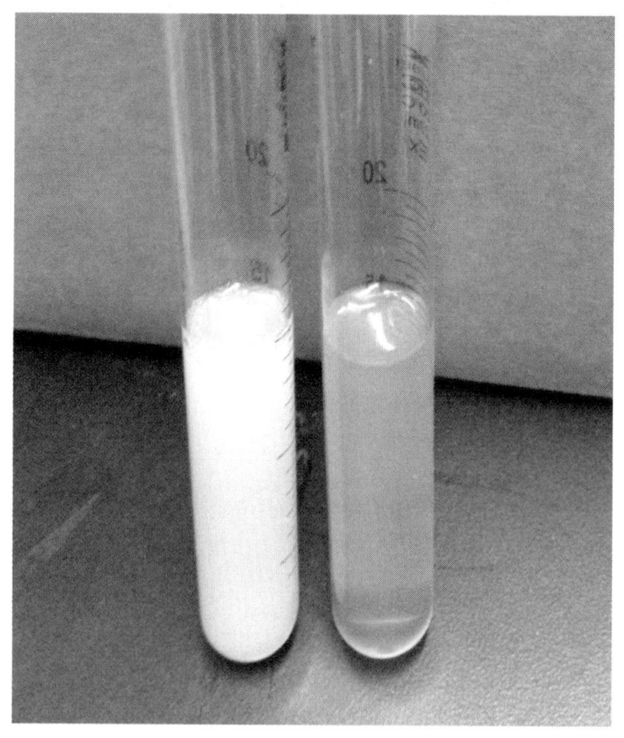

图 7-7　酒精检测对照图

【预防】

在早春或晚秋蜜源中断季节，为蜂群留足饲料并对缺蜜的蜂群进行奖励饲喂，不要让蜂群长期处于饥饿状态；及时将蜂群转移到不易产生甘露蜜的地方，避免蜜蜂采集甘露蜜；远离甘露蜜植物（松树、柏树等）。

对已采集甘露蜜的蜂群，在饲喂越冬饲料前将蜜脾换掉，补喂新鲜的糖浆或蜂蜜，千万不要留甘露蜜作为越冬饲料，以防越冬蜂群出现甘露蜜中毒造成严重损失。

【解毒】

若发现蜂群甘露蜜中毒，除转地外，还要进行药物治疗。一般以助

消化药物为主。每群（10 框蜂）用复方维生素 B 20 片、干酵母 10 片、多酶片 1 片研碎，加入适量的 1∶1 糖浆或蜂蜜水中，充分搅匀后喂蜂，每天饲喂 1 次，连喂 3 ~4 天。

三、茶花蜜中毒

【症状】

茶和油茶种植面积较大，全国各地均有分布，开花期为 10 ~12 月，花期 50 ~60 天。开花就泌蜜，蜜、粉均丰富。蜜蜂采食后易烂子、死蜂，危害严重。尤其是干旱年份较严重，但不一定每年都有发生。同样条件下，意蜂比中蜂中毒严重。但油茶花蜜和茶花蜜对人无毒。

蜜蜂中毒主要是因茶花蜜和油茶花蜜中含有生物碱和寡糖、半乳糖等多糖类成分，而蜜蜂幼虫没有分解、消化、吸收这些物质的能力，所以易引起蜜蜂幼虫生理障碍，致使其中毒死亡。

油茶花蜜中含有对蜜蜂有毒性的物质，蜜蜂采食后出现腹部膨胀、丧失飞行能力等症状，成年蜂在地面上爬行，即将封盖的幼虫或已封盖的大幼虫会因中毒而大批死亡，幼虫尸体呈灰白色或乳白色且瘫在房底，散发出一股酸臭味。中毒严重的蜂群会出现群势下降，靠近群箱或打开蜂箱大盖就会闻到一股酸臭味。

【预防】

（1）蜂群采蜜期适时取蜜　在茶花流蜜盛期，一般 3 ~4 天就应取蜜 1 次。若蜂群群势较强，可以一边脱粉，一边取浆，同时，每隔 3 ~4 天喷喂 1 次 50% 的解毒糖浆。

（2）根据蜂群的强弱采取继箱分区管理和单箱分区管理　在茶花、油茶花单一面积大的蜜源区，对群势较强的蜂群要继箱分区管理，也就是用隔板将巢箱分隔成两区，把蜜粉脾和适量的空脾连同蜂王带蜂提入巢箱的一个区内，组成繁殖区，然后把剩下的虫卵脾、蛹脾及适量的蜜粉脾与空脾放到巢箱的另一区内和继箱内，组成采蜜区，继箱和巢箱中

间用隔王板隔开，让工蜂通过，但蜂王不能通过。繁殖区的框架要用布盖上，在距采蜜区较远的一侧留 2 个框距的空间让工蜂出入，巢门开在采蜜区一侧。每隔 2 天对繁殖区用 50% 的糖浆或蜜水进行补充饲喂，保证繁殖区内饲料充足。

对群势较弱的蜂群可采用单箱分区管理。将巢箱用铁纱网隔板分成两区，把蜂群中的蜜粉脾和适量的空脾连同蜂王带蜂提到巢箱任何一区，组成繁殖区，将余下的虫卵脾和其他蜂脾提到另一区内，组成采蜜区，用纱布盖上，在隔板和纱布盖之间留 0.5 厘米的距离，保证工蜂通过，而蜂王不能通过。巢门开在采蜜区。当繁殖区缺花粉时，在上午 10：00 前打开巢门 1 ~2 小时，每隔 1 ~2 天对繁殖区用 50% 的糖浆进行补饲，保证繁殖区饲料充足。

【解毒】

蜜蜂发生茶花蜜中毒后，应立即采用分区饲养管理和药物解毒相结合的措施，以减轻中毒程度。方法是在蜂群的繁殖区每天傍晚用含有少量糖浆的解毒药物（0.1% 的多酶片、1% 乙醇及 0.1% 大黄苏打加水适量）喷洒，隔天再饲喂 1∶1 的糖浆或蜜水，并注意补充适量的花粉。

四、枣花蜜中毒

【症状】

在我国北方，枣花盛开的时候正值夏季，天气干旱晴朗，温度较高，而蜂群繁殖已达极盛，具有非常好的采集能力。此时，若蜂群管理不当，就会发生较严重的生物碱中毒现象，俗称“枣花病”，也叫“蹦蜂病”。

蜜蜂采集枣花蜜中毒后，身体发抖，肢体失去平衡，腹部膨大，失去飞行能力，在巢门外做跳跃式爬行。中毒较重的病蜂常仰卧在地，吻伸出，双翅张开，四肢抽搐，对外界刺激反应迟钝，腹部勾曲，最后痉挛而死。巢门前死蜂遍地，大部分死蜂腹部空虚。

【预防】

（1）遮阴通风 蜂箱排列不可过于拥挤，整个蜂场最好处于浓厚的树荫之下，并且有良好的通风效果，箱底和箱盖的通风装置应适度开启。无树荫条件的要用草帘为蜂箱遮阴，要保证草帘与箱盖之间有15厘米的通风空间，严禁烈日直接暴晒蜂箱。

（2）场地洒水增湿 蜂箱前后及左右泼洒清洁的自来水，对容易被暴晒的蜂箱前面50厘米地面应重复泼洒，使其处于湿润状态，以避免热气浪熏蒸蜂箱。这样可减少蜜蜂扇风降温，同时也可有效地减轻内勤蜂和外勤蜂的劳作强度。

（3）使用水脾法取蜜 当气温处在34℃以上，又逢久旱无雨的晴朗天气，蜜蜂出巢回巢非常活跃时，说明枣花流蜜量大，可见到地面开始出现蹦蜂，这时就要采用水脾法取蜜。

方法是先从继箱提出2张大蜜脾，摇空后灌上清洁水，重量约为未摇取的蜜脾重量的1/2，放入继箱后按上1个图钉作为标记。间隔2天后再摇取另外2张蜜脾，摇空后同样灌上清洁水，放入继箱后按上2个图钉作为标记。间隔2天后第3次摇取没有图钉的蜜脾，摇空后同样灌上清洁水放入继箱。如此循环间隔2天摇取1次蜂蜜，被灌上清洁水的脾已经间隔4天（以继箱6张蜜脾为例），变成了大蜜脾。使用水脾法取蜜，直到气候变化、蜜源结束，蜂场基本上见不到生物碱中毒出现的蹦蜂，不会出现群衰。

【解毒】

一是每天在框梁上和蜂路洒一点2%的淡盐水，同时在蜂场内增设喂水器，在喂水器中加入2%的食盐水，以满足中毒蜜蜂对钠离子的需要，增强蜜蜂的排毒解毒功能；二是用甘草水（或生姜水）配成糖浆，也可用酸性糖浆（在50%的糖浆中加入0.1%的柠檬酸或5%的醋酸）饲喂蜂群，起到预防和减轻中毒的作用；三是在枣花期前要选择蜜粉源较充足的场地放蜂，使蜂群有大量花粉，以备进入枣花期供蜂群食用，可减轻蜜蜂中毒程度。

五、有毒蜜源植物

1. 博落回

博落回为罂粟科多年生草本植物，俗名为号筒秆、黄薄荷，分布于低山、丘陵、山坡、草地、林缘或荒地。我国湖南、湖北、江西、浙江、江苏等地均有分布。博落回花期为6～7月，蜜少粉多，对蜜蜂和人均有剧毒（图7-8）。

图7-8　博落回

2. 藜芦

藜芦为百合科多年生草本植物，俗名为大芦蔡、老旱葱、黑蔡芦，分布于林缘、山坡、草甸，通常成片生长。在我国主要分布于东北林区，藜芦花期为6月中旬至7月，蜜粉丰富。对蜜蜂和人均有毒。蜜蜂采食后抽搐、痉挛，有的来不及返巢便死于花下。

3. 喜树

喜树为紫树科落叶乔木，俗名为旱莲木、千丈树，多生于海拔1000米以下的溪流两岸、山坡、谷地、庭园、路旁土壤肥沃湿润处。在我国，主要分布于浙江、江西、湖南、湖北、四川、云南、贵州、广西、广东、福建等地。花期为7～8月，对蜜蜂和人均有毒。蜜蜂采食头几天蜂群无明显变化，12天后，中毒幼蜂遍地爬行，幼虫和蜂王也开始死亡，群势急剧下降，危害极为严重（图7-9）。

图7-9　喜树

4. 苦皮藤

苦皮藤为卫矛科藤本灌木，俗名为苦树皮、棱枝南蛇藤、马断肠。苦皮藤生于海拔400～3600米的山地疏林、灌丛中的湿润处，常和白刺花等混生。分布于甘肃、陕西、河南、四川、湖南、湖北等地。秦岭山区苦皮藤花期为5月下旬至6月上旬，正值白刺花蜜源尾期。花粉为浅灰色，数量较多；花蜜水白透明，质地浓稠。蜜粉对蜜蜂有毒，蜜蜂采食后腹部胀大，蜜蜂身体痉挛，尾部变黑，吻伸出呈钩状死亡。

5. 八角枫

八角枫为八角枫科灌木或小乔木，俗名为包子树。八角枫生于溪边、旷野及山坡阴湿的杂木林中，分布于长江和珠江流域各地。八角枫花期为6～7月。八角枫含有八角枫京、八角枫酰胺、八角枫辛、八角枫碱等，蜜粉对蜜蜂和人均有毒。

6. 羊踯躅

羊踯躅为杜鹃花科灌木，俗名为闹羊花、黄杜鹃、老虎花。羊踯躅喜酸性土壤，多生于山坡、石缝和灌丛中，分布于江苏、浙江、江西、湖南、湖北、四川、云南等地。羊踯躅花期为4～5月。羊踯躅含杜鹃花素和石楠素等，花蜜和花粉有毒，对蜜蜂和人均有危害。

7. 曼陀罗

曼陀罗为茄科直立草本，俗名为醉心草，狗核桃。曼陀罗生于山坡、草地、路旁、溪边，在海拔1900～2500米处较多，通常栽培于庭园，分布于东北、华东、华南等地。曼陀罗花期为6～10月。曼陀罗含有莨菪碱、阿托品、东莨菪碱等，花蜜和花粉对蜂和人均有毒（图7-10）。

8. 乌头

乌头为毛茛科多年生草本，俗名为草乌、老乌。乌头生于山坡、林缘、草地、沟边、路旁，分布于东北、华北、西北和长江以南各地。乌头花期为7～9月。乌头含有乌头碱、中乌头碱等，花蜜和花粉对蜂和人均有毒（图7-11）。

9. 钩吻

钩吻俗名为胡蔓藤、断肠草，全株剧毒，对人有毒，对蜂无害，多生于阳光充足的灌木林中或山地路边草丛。该植物数量少且分布散，在福建开花泌蜜期与鹅掌柴同期，一般在10月至第2年1月（图7-12）。

10. 雷公藤

雷公藤为卫矛科植物，俗名为断肠草、红药。在福建于5月底始

图 7-10　曼陀罗

图 7-11　乌头

图 7-12　钩吻

花，6 月中下旬盛花。雷公藤全株剧毒，主要有毒成分是雷公藤碱。从雷公藤花上采集的蜜对人有毒，而对蜜蜂无害（图 7-13）。

11. 昆明秋海棠

昆明秋海棠为雷公藤属、卫矛科植物，俗名为白背雷公藤、山砒霜、鸭子药，形态特征与雷公藤相似，主要区别是其叶背面为粉绿色。对人有毒，对蜂无害。在福建分布于顺昌、崇安等县，数量较少且分布散（图 7-14）。

图 7-13　雷公藤

图 7-14　昆明秋海棠

参考文献

[1] 陈盛禄. 中国蜜蜂学 [M]. 北京: 中国农业出版社, 2001.

[2] 申如明. 中蜂病敌害的诊断与防治 [J]. 甘肃畜牧兽医, 2017, 47 (7): 92-93.

[3] 刘建华. 中华蜜蜂囊状幼虫病灵芝卵黄抗体的探讨 [J]. 吉林畜牧兽医, 2017, 38 (3): 40-41.

[4] 陈大福, 吴忠高. 蜜蜂病敌害防治指南 [M]. 北京: 中国农业科学技术出版社, 2014.

[5] 陈渊. 漫谈中蜂及其中蜂囊状幼虫病 [J]. 蜜蜂杂志, 2018, 38 (3): 26-27.

[6] 孙莉. 中蜂囊状幼虫病毒 SDLY 株特性分析及其卵黄抗体研制 [D/OL]. 哈尔滨: 东北农业大学, 2019 [2019-06-01]. http://kns.cnki.net/kns/detail/detail.aspx?FileName=1019172988.nh&DbName=CDFD2019.

[7] 王瑞生. 规模化中蜂场非药物防治中蜂囊状幼虫病的方法 [J]. 蜜蜂杂志, 2019, 39 (1): 14-15.

[8] 夏晓翠, 杨柳, 罗明, 等. 中蜂囊状幼虫病的防治方法 [J]. 蜜蜂杂志, 2018, 38 (10): 24-26.

[9] 汤正旭, 孙红艳, 陈琳, 等. 一例慢性蜜蜂麻痹病的诊断报告 [J]. 畜牧兽医科技信息, 2019 (10): 172.

[10] 韩学忠, 韩杰. 浅谈蜜蜂麻痹病及防治 [J]. 中国蜂业, 2018, 69 (2): 41-42.

[11] 成茹. 蜜蜂麻痹病的发生和防治 [J]. 农村百事通, 2015 (9): 51.

[12] 王向辉, 郑言, 隋佳辰, 等. 黑蜂王台病毒研究进展 [J]. 中国畜牧兽医, 2016, 43 (1): 248-255.

[13] 薛力刚, 史艳宇, 祝长青, 等. 蜜蜂黑蜂王台病毒 RT-PCR 快速检测方法的建立 [J]. 中国生物制品学杂志, 2011, 24 (10): 1227-1229.

[14] 陈傲, 孙杰, 缪晓青. 蜜蜂 (*Apis mellifera*) 美洲幼虫腐臭病最新研究进展 [J]. 中国蜂业, 2013 (2): 28-31.

[15] 刘正忠, 中蜂欧洲幼虫腐臭病的诊断与防治 [J]. 中国蜂业, 2017 (1): 38.

[16] 周克才. 蜜蜂美洲幼虫腐臭病临场检查要点和防治方法［J］. 中国畜牧业，2012（4）：92-93.

[17] 张其安，王娟，杨少波. 蜜蜂细菌性疾病及其防治的研究进展［J］. 中国蜂业，2011（4）：25-30.

[18] 黄文诚. 蜜蜂细菌性幼虫病［J］. 蜜蜂杂志，2004（4）：25-29.

[19] 黄文诚. 蜜蜂细菌性幼虫病（续）［J］. 蜜蜂杂志，2004（5）：21-23.

[20] 哈森，何晓杰，王科珂，等. 蜜蜂白垩病病原的分离与鉴定［J］. 中国兽医杂志，2014，50（4）：29-30，33.

[21] 李绚，龙敏仪. 蜜蜂白垩病的草药防治研究［J］. 家畜生态学报，2015，36（4）：57-64.

[22] 赵红霞，梁勤，罗岳雄，等. 蜜蜂白垩病的研究进展［J］. 环境昆虫学报，2014，36（2）：233-239.

[23] 杨春红，常志光，王志. 蜜蜂白垩病的研究进展与防治［J］. 蜜蜂杂志，2018（11）：16-18.

[24] 杨宾. 蜜蜂白垩病的诊断与防治［J］. 中国畜牧兽医文摘，2017，33（1）：210.

[25] 陈晓云. 白垩病、黄曲霉病的危害与防治［J］. 蜜蜂杂志，2013（1）：24.

[26] 剪象林. 谈谈蜜蜂白垩病和黄曲霉病的防治（一）［J］. 蜜蜂杂志，2011（5）：35.

[27] 剪象林. 谈谈蜜蜂白垩病和黄曲霉病的防治（二）［J］. 蜜蜂杂志，2011（6）：28-29.

[28] 张素贞，何超，王艳丽，等. 重庆地区蜜蜂微孢子虫的鉴定及分子遗传多样性分析［J］. 西南农业学报，2015，28（5）：2323-2330.

[29] 张建燕，刁青云，代平礼，等. 中国部分主要养蜂区侵染西方蜜蜂（Apis mellifera）群微孢子虫种质分布调查［J］. 畜牧兽医学报，2015，46（9）：1638-1643.

[30] 许瑛瑛，王帅，张迎迎，等. 感染蜜蜂的两种微孢子虫——Nosema apis 和 Nosema ceranae［J］. 应用昆虫学报，2018，55（4）：549-556.

[31] 许瑛瑛，胡福良，陈大福，等. 蜜蜂孢子虫病的检测与防治研究进展［J］. 中国蜂业，2018，69（1）：64-68.

[32] 孙启跃. 蜜蜂孢子虫病的诊断与防治［J］. 中国畜禽种业，2012，8

(11)：24.

[33] 王志，牛庆生，张发，等. 蜜蜂微孢子虫对蜜蜂越冬的影响 [J]. 蜜蜂杂志，2015，35 (3)：10-13.

[34] 汪燕，熊亮，马振刚. 蜜蜂微孢子虫防控小妙招 [J]. 中国蜂业，2019，70 (2)：36.

[35] 赵文椿，刘书畅，晁玉珍，等. 山东省东方蜜蜂微孢子虫病流行状况及防控建议 [J]. 蜜蜂杂志，2018，38 (11)：4-8.

[36] 吴杰，项勋，赵屹钦，等. 微孢子虫研究进展 [J]. 动物医学进展，2017，38 (6)：78-81.

[37] 孙明辉. 烟曲霉素对蜜蜂微孢子虫治疗效果研究 [J]. 中国蜂业，2017，68 (11)：62-63.

[38] 郑寿斌，和静芳，苏松坤，等. 东方蜜蜂微孢子虫对中华蜜蜂的感染性和寿命的影响 [J]. 中国蜂业，2017，68 (6)：13-15.

[39] 杨习轩. 用中草药防治爬蜂病 [J]. 蜜蜂杂志，2018，38 (4)：21.

[40] 李华州. 谈蜜蜂饲养的 3 个爬蜂高峰与防治方法 [J]. 蜜蜂杂志，2016，36 (10)：35-36.

[41] 王志，牛庆生，王进州，等. 蜜蜂爬蜂综合征致病因素调查及防治 [J]. 蜜蜂杂志，2016，36 (6)：7-9.

[42] 谢理清，郑国庆. 夏季意蜂爬蜂原因分析及解决办法 [J]. 中国蜂业，2015，66 (6)：34.

[43] 李永亮. 春季预防爬蜂 [J]. 中国蜂业，2015，66 (3)：27.

[44] 何旭. 西方蜜蜂病敌害的诊断与防治 [J]. 甘肃畜牧兽医，2017，47 (7)：87-91.

[45] 梁勤，陈大福. 蜜蜂保护学 [M]. 北京：中国农业出版社，2009.

[46] 罗其花，周婷，王强，等. 蜂螨的种类及蜜蜂主要害螨研究进展 [J]. 中国农业科学，2010，43 (3)：585-593.

[47] 罗其花，周婷，王强，等. 小蜂螨研究综述 [J]. 昆虫知识，2010，47 (2)：263-269.

[48] 周婷. 狄斯瓦螨的生物学特性及在我国的自然分布 [D/OL]. 北京：中国农业大学，2005 [2005-05-01]. http://kns.cnki.net/kns/detail/detail.aspx? FileName = 2005084871.nh&DbName = CDFD2005.

[49] 王星. 狄斯瓦螨（Varroa destructor）在我国的自然种系构成、分布及寄生特性差异的研究 [D/OL]. 北京：中国农业科学院，2007 [2007-06-01]. http://kns.cnki.net/kns/detail/detail.aspx? FileName = 2007156573.nh&DbName = CMFD2007.

[50] 罗其花. 中国小蜂螨自然种系构成、流行病学调查及寄生生物学研究 [D/OL]. 北京：中国农业科学院，2011 [2011-06-01]. http://kns.cnki.net/kns/detail/detail.aspx? FileName = 1011159129.nh&DbName = CDFD2011.

[51] 谭青青. 中国胡蜂科部分代表种类形态学特征及系统发育关系研究 [D/OL]. 西安：西北大学，2019 [2019-06-30]. http://kns.cnki.net/kns/detail/detail.aspx? FileName = 1019663651.nh&DbName = CMFD2020.

[52] 秦玉川. 家庭养蜂技术 [M]. 北京：知识出版社，2000.

[53] 宋廷洲. 浅谈小蜂螨的来源 [J]. 中国蜂业，2005，56（10）：16.

[54] 周婷. 蜜蜂医学概论 [M]. 北京：中国农业科学技术出版社，2014.

[55] 杜桃柱，姜玉锁. 蜜蜂病敌害防治大全 [M]. 北京：中国农业出版社，2003.

[56] 丁晓帆，林茂松，刘亮山. 几种昆虫病原线虫对大蜡螟幼虫血淋巴及其能源物质含量的影响 [J]. 南京农业大学学报，2005，28（3）：43-47.

[57] 刘奇志，田里. 国内外大蜡螟防治方法研究现状 [J]. 安徽农业科学，2008，36（13）：5495-5496.

[58] 刘瑞，刘奇志. 国内外大蜡螟研究与产业发展现状及展望 [J]. 中国农学通报，2015（28）280-284.

[59] 张刚应，杨怀文. 大蜡螟室内饲养技术 [J]. 贵州农学院学报，1996，15（1）：46-49.

[60] 赵晴，李静，陆秀君，等. 大蜡螟抗菌物质的抑菌活性检测及其初步分离 [J]. 中国农学通报，2009，25（13）：166-170.

[61] 南宫自艳，杨君，王勤英，等. 大蜡螟幼虫消化道的组织学研究 [J]. 河北农业大学学报，2015（5）：63-67.

[62] 朱事康，于飞，周宇，等. 检疫害虫蜂房小甲虫研究进展 [J]. 广东农业科学，2011（22）：66-67.

[63] 李铁生. 中国经济昆虫志：胡蜂总科 [M]. 北京：科学出版社，1982.

[64] 谭江丽，ACHTERBERG C V，陈学新. 致命的胡蜂：中国胡蜂亚科 [M]. 北京：科学出版社，2015.

[65] HUANG, Shengwei, SHENG Ping, ZHANG Hongyu. Isolation and Identification of Cellulolytic Bacteria from the Gut of *Holotrichia parallela* Larvae (Coleoptera: Scarabaeidae) [J]. International Journal of Molecular Sciences, 2012, 13 (3): 2563-2577.

[66] TAN J L, CARPENTER J M' ACHTERBERG C V. An illustrated key to the genera of Eumeninae from china, with a checklist of species (Hymenoptera, Vespidae) [J]. Zookeys, 2018, 740 (1): 109-149.

[67] TAN J L, CARPENTER J M, ACHTERBERG C V. Most northern Oriental distribution of Zethus Fabricius (Hymenoptera, Yespidae, Eumeninae), with a new species from China [J]. Journal of Hymenoptera Research, 2018, 62 (2): 1-13.

[68] ARCHER M E. Taxonomy, distribution and nesting biology of species of the genera *Provespa* Ashmead and *Vespa* Linneaus (Hymenoptera, Vespidae) [J]. Entomologist's Monthly Magazine, 2008 (144): 69-101.

[69] 王桂芝，娄德龙，王士强，等. 高温季节如何防止蜜蜂热伤衰落 [J]. 中国蜂业，2019，70 (8)：28.

[70] 郝振帮. 温度胁迫下意大利蜜蜂封盖子期能量消耗和发育损伤 [D/OL]. 福州：福建农林大学，2018 [2018-04-01]. http://kns. cnki. net/kns/detail/detail. aspx? FileName = 1018179940. nh&DbName = CMFD2018.

[71] 范克明. 高温季节中蜂群怎样管理 [J]. 蜜蜂杂志，2017，37 (6)：17.

[72] 王青. 温度40℃对意大利蜜蜂工蜂封盖子发育的影响 [D/OL]. 福州：福建农林大学，2013 [2013-04-01]. http://kns. cnki. net/kns/detail/detail. aspx? FileName = 1016305772. nh&DbName = CMFD2019.

[73] 范克民，王双进. 谈高温季节定地饲养中蜂的管理 [J]. 蜜蜂杂志，2011，31 (6)：22.

[74] 牛德芳. 低温24℃对蜜蜂工蜂封盖子发育的影响 [D]. 福州：福建农林大学，2011 [2011-04-01]. http://kns. cnki. net/kns/detail/detail. aspx? FileName = 1016180895. nh&DbName = CMFD2016.

[75] 曹义锋，余林生，毕守东，等. 温度对蜜蜂影响的研究进展 [J]. 蜜蜂杂志，2007 (4)：13-15.

[76] 张大利. 如何及早发现和处理工蜂产卵 [J]. 中国蜂业，2018，69 (9)：

34-35.

[77] 蔡呈贵. 工蜂产卵的起因、危害及处置 [J]. 中国蜂业，2017，68 (5)：35.

[78] 胡佑志. 蜜蜂下痢的防治 [J]. 蜜蜂杂志，2018，38 (9)：14.

[79] 黄坚. 蜜蜂下痢病的防治措施 [J]. 科学种养，2010 (1)：48.

[80] 胡福良，黄坚. 蜜蜂农药中毒防治措施 [J]. 蜜蜂杂志，2009，29 (12)：26.

[81] 倪世俊. 茶花盛开时防蜜蜂中毒 [J]. 蜜蜂杂志，2014，34 (8)：3.

[82] 方文富. 12 种有毒蜜粉源植物及预防中毒措施 [J]. 中国蜂业，2007 (3)：24.

[83] 兰祖铨. 蜜蜂花粉中毒的诊断及救护 [J]. 蜜蜂杂志，2009，29 (10)：38.

[84] 郭冬生. 蜜蜂采集油茶蜜粉时蜂群的状况分析 [J]. 黑龙江畜牧兽医，2014 (12)：125-126.

[85] 张大利. 如何预防和处理甘露蜜中毒 [J]. 中国蜂业，2018，69 (11)：22-23.

[86] 陈顺安，黄新球，张强，等. 云南有毒蜜粉源区蜂蜜中的主要有毒生物碱分析 [J]. 中国食品学报，2018，18 (6)：330-337.

[87] 夏树村. 中蜂农药中毒的诊治及预防措施 [J]. 养殖与饲料，2018 (4)：84.

[88] 路霞，刁焕行，成杰. 蜜蜂枣花中毒和大肠杆菌病混合感染的诊治 [J]. 畜牧兽医科技信息，2017 (6)：123-124.

[89] 任春宇，李永宾. 浅谈蜜蜂中毒与防控方法 [J]. 中国蜂业，2017，68 (6)：32.

[90] 胡元强. 蜜蜂花粉中毒症状及抢救预防措施 [J]. 中国蜂业，2016，67 (10)：31-32.

[91] 张燕新，张学文，杨娟，等. 油茶花蜜期不同饲喂条件对蜜蜂体内乙酰胆碱酯酶活性的影响 [J]. 江苏农业科学，2016，44 (6)：358-360.

[92] 陈浩祥. 预防枣花期蜜蜂生物碱中毒的措施 [J]. 蜜蜂杂志，2014，34 (7)：18.

[93] 苍涛，王彦华，俞瑞鲜，等. 蜜源植物常用农药对蜜蜂急性毒性及风险评价 [J]. 浙江农业学报，2012，24 (5)：853-859.

规范的饲养与管理流程、精细化的操作步骤，手把手教你如何养蜂

ISBN：978-7-111-60844-8

定价：59.80 元

实操视频、双色印刷

技巧提示、典型案例

中国养蜂学会推荐用书

ISBN：978-7-111-59543-4

定价：39.80 元

采用图说的形式，详细介绍了我国中蜂的饲养与管理技术、主要病敌害的防治技术等

ISBN：978-7-111-57706-5

定价：35.00 元

穿插养蜂实际中常见到的问题、经验、技巧、窍门、注意事项等小栏目，双色印刷

ISBN：978-7-111-44796-2

定价：25.00 元

以问答形式阐述蜜蜂养殖过程中的常见问题

ISBN：978-7-111-50034-6

定价：19.90 元

国家现代农业蜂产业技术体系研究成果，中国养蜂学会中蜂饲养技术推荐用书，双色印刷

ISBN：978-7-111-52936-1

定价：25.00 元